U0901803

改变命运
成就人生

我们不必羡慕他人的才能，也无须悲叹自己的平庸；各人都有他的性格魅力。最重要的，就是认识自己的性格，并加以发展。

——松下幸之助

性格决定人生全集

白金珍藏版

一个人的性格决定他的际遇，如果你喜欢保持你的性格，那么你就无权拒绝你的际遇！

白 杨◎编著

中国纺织出版社

内容提要

性格决定命运，性格主宰人生。人的性格渗透于行为的方方面面，同时也影响生活的方方面面：工作、学习、恋爱、婚姻、家庭……甚至人的健康都受到性格的巨大影响。性格左右着人的思维，影响着人的行为，甚至决定一个人事业的成败……性格本身没有好坏，关键看你如何运用它，倘若你能很好地利用性格中的优势，性格就能为你服务；否则，性格就会阻碍你成功。本书不仅让读者认识到性格的重要性，而且详细阐释了如何发挥性格优势，摒弃性格弱点，从而创造辉煌的人生。

图书在版编目（CIP）数据

性格决定人生全集：白金珍藏版/白杨编著.—北京：中国纺织出版社，2009.12

ISBN 978-7-5064-5971-6

Ⅰ.性… Ⅱ.白… Ⅲ.性格—通俗读物 Ⅳ.B848.6-49

中国版本图书馆CIP数据核字（2009）第170758号

策划编辑：曲小月　责任编辑：高振亚　特约编辑：李巧新

责任印制：周　强

中国纺织出版社出版发行

地址：北京东直门南大街6号　邮政编码：100027

邮购电话：010—64168110　传真：010—64168231

http://www.c-textilep.com

E-mail:faxing@c-textilep.com

北京中印联印刷有限公司印刷　各地新华书店经销

2009年12月第1版第1次印刷　2017年4月第2次印刷

开本：710×1000　1/16　印张：20

字数：390千字　定价：35.00元

前言

性格是一个永远被人关注的话题。一直有人在研究性格:研究性格的渊源,研究性格的发展,研究性格对人生对命运的影响。每个研究者都自有他的理论和道理,也各有失之偏颇的地方。但是,有一点却是共同的,那就是,性格影响着我们生活中的方方面面,工作、学习、恋爱、婚姻、家庭……甚至我们的健康也受到性格的巨大影响。性格左右着人的思维,影响着人的行为,决定着人的命运……总而言之,性格,主宰着一个人的一生。

有人说,性格与血型有关。于是,我们了解性格和血型的关系,确实发现相同血型的人,在性格方面有着相似的特点。但是,血型只有几种,而人的性格却千差万别,所以,性格不是完全由血型决定的。也有人发现,性格与遗传基因有关系。于是,我们去研究生物遗传,发现父母基因中的性格因子确实会遗传给自己的子女。但是,我们同时也发现,同一个家庭里的孩子,有时候性格会有很大的差异,甚至大相径庭。所以,遗传基因也只是性格的决定因素之一。

接下来,我们还发现,性格不只是由先天基因决定,还受到后天因素的影响。家庭、地域文化、社会等环境,都或大或小地影响着一个人性格的形成。

再后来,我们发现,其实除了先天基因和后天因素的影响之外,性格还可以靠自身去改变,我们一直认为天生的性格其实有着很大的可塑性,我们可以通过自身的努力,改变自己性格中的不良因子,同时把性格中已有的优势继续发扬光大。

性格决定着我们的人生,我们要改变它,塑造它,驯服它,让它最终为我们服务。我们性格中的自信和乐观，需要发扬光大。同时，我们还要想办法规避自己性格中的弱点，不要让其成为我们幸福人生路上的障碍。我们性格中的狭隘和自私，需要时时注意，不要让这些缺点影响我们的行为。更重要的是，我们要想办法把自己性格中的弱点和缺陷转化为可以利用的优点和长处。比如，我们性格中的固执，可以转化为在事业中的执著，而不要让其成为处事时的偏执。再比如，我们性格中追求完美的个性，可以发展成为在事业上向上进取的动力，而不要让其成为既让自己活得很累，也让别人不轻松的过度完美主义。生活中，我们可以信奉知足常乐，但事业中，却不能不思进取，这也就是满足这一性格特点的两个发展方向。

每一种类型的性格都有其独特性和两面性，每一种性格都有其优势和弱点，如果你能很好地利用性格中的优势，这种性格就是好性格。如果你遮掩了性格中的优势，而只是让其中的弱点更加显现，那么，这种性格就是坏性格。性格本身并无所谓好坏，我们说好与坏，主要是看你怎么去利用和发挥了。如果你想改变你的世界，创造你的辉煌，就必须改变性格中的弱点，充分发挥性格中的优势，让这种优势服务你的一生。

编著者

2009 年 11 月

目录

第1章 性格决定命运

第2章 成也性格，败也性格

第3章 性格，决定事业方向的风向标

第5章 做性格的主人,让生命更精彩

第6章 好性格是处世的基础

良好的性格是处世的法宝/223

第7章 好性格让爱情婚姻甜如蜜

好性格让你爱情更甜蜜/242

好性格让婚姻幸福美满/260

第8章 好性格是健康的通行证

第1章 性格决定命运

XINGGEJUEDINGRENSHENGQUANJI

想要主宰自己的世界与人生，首先就要主宰自己的性格。如果一个人连自己的性格都主宰不了，那他的人生也必将摇摆不定，结果自然是与失败为伍。

了解性格，为性格把脉

诠释性格的内涵

性格是指人在对人对事的态度和行为方式上所表现出来的心理特点，如理智、沉稳、坚韧、执著、含蓄、坦率等。要了解性格的特征，首先就要了解性格的内涵。

首先，性格具有独特性。人与人之间可能有相似的人生经历，但是却不会有完全相同的性格，就如同人的指纹一样，只有类别上的相似与相近，却没有绝对的相同，这就是性格的独特性。性格是区别人与人之间差异的重要标志。

其次，性格具有一定的确定性。这种确定性主要表现为一个人对周围的事物所特有的经常性的倾向。每个人都会有对现实生活的稳定的态度以及因此而衍生的习惯性的行为方式。

再次，性格还具有复杂性。性格的复杂性源于社会现实生活的复杂性和矛盾性。我们很难简单地给一个人的性格做一个单纯的评语，只有对人的欲念、思想动机和性格方面的各种表现进行一番深入分析，然后将各方面的因素联系起来加以考察，才能在本质上把握一个人的性格。

最后，性格具有可塑性。性格是一个不断进化的动态系统，它接受自我意识的控制和调节。一个人可以通过自我意识来巩固、加强和完善性格中的优点，也可以通过自我意识有目的地节制和消除性格中的不利因素。每个人只有摒弃不好的性格，发扬优良的性格，才能不断地完善自己，优化自己的性格结构。

性格对一个人的行为方式起着很大的支配作用。性格鲁莽的人，行事总是风风火火；性格急躁的人，遇事容易激动；性格刚毅的人，在困难面前总能表现得勇敢坚定；而性格懦弱的人，则往往胆小怕事。

一个人的性格就是一个巨大的宝藏库，它决定着一个人的一切生活状态，人际关系处得怎么样、婚姻是否幸福、职业选择是否恰当、自己创业能否成功……性格从根本上决定着一个人的命运。如果将一个人比作一座建筑物，那么性格就是这座建筑物的钢筋骨架，钢筋骨架决定着这座建筑物能建成高耸入云的摩天大楼还是低矮的简易平房。一个人的性格决定着自己的一生是平平庸庸、无所作为，还是建功立业、让人敬仰。

性格与气质和能力之间的相互影响

性格影响着一个人的气质和能力，同时，一个人的气质和能力，也对性格有着一定的影响。

气质是表现在人的情绪和行为活动中的动力特征（即强度、速度等），没有好坏之分。它更多地受个体高级神经活动类型的制约，主要是先天的；性格是指行为的内容，表现为个体与社会环境的关系，在社会评价上有好坏之分。它更多受社会生活条件的制约，主要是后天的。二者相互制约、相互影响。

性格与气质的联系密切而又复杂。相同气质类型的人可能性格特征不同，而性格特征相似的人也可能气质类型不同。

气质可按自己的动力方式渲染性格，使性格具有独特的色彩。比如：同是勤劳的性格特征，多血质的人表现为精神饱满、精力充沛，黏液质的人则表现为踏实肯干、认真仔细；同是友善的性格特征，胆汁质的人表现得热情豪爽，抑郁质的人则表现得比较温柔。

气质会影响性格形成和发展的速度。当气质和性格有较大的一致性时，就有助于性格的形成和发展；相反，当气质和性格差异比较大时，就会阻碍性格的形成和发展。如胆汁质的人容易形成勇敢、果断、主动性的性格特征，而黏液质的人就很难形成这样的性格。

同时，性格对气质也有重要的调节作用。性格在一定程度上可掩盖和改造气质，使气质服从于现实生活的要求。例如：为了培养飞行员冷静沉着、机智勇敢的性格特征，在严格的军事训练中，就必须掩盖或改造胆汁质者易冲动、急躁的气质特征。

不仅一个人的气质与性格之间会产生相互影响，一个人的能力与性格之间也是相互影响的。

性格与能力是人的个性心理特征中两个不同的侧面。能力是决定心理活动的基本因素，性格则表现为人的活动怎样进行，对事情采取什么态度等。二者相互联系、相互影响。

一方面，性格影响能力的发展，优良的性格特征往往能够补偿能力的某种缺陷，“笨鸟先飞早入林”、“勤能补拙”，都说明了性格特征对能力的补偿作用。有研究表明，两个智力水平相当的学生，其中勤奋、自信心强、富于创新精神的学生，往往能力发展比较快，而懒惰、墨守成规的学生，其能力往往很难达到一个较高的水平。

另一方面，能力的形成与发展也会促使相应性格特征随之发展。如：学生在教师的指导下，大量地阅读文学作品，注意观察生活，并练习写作。这些活动，不但发展了观察力、想象力和思维能力，久而久之，也会形成主动观察、广阔想象、独立思考等理智的性格特征。

性格，无法决定一个人的气质和能力，但却会对人的气质和能力产生一定的影响和制约作用；反之也是，一个人的气质和能力，同时制约和影响着一个人性格的形成和发展。

直面四种典型的性格

一个人对世界的认识很大程度上是从认识自我开始的。每个人的性格都是极其丰富和复杂的,及时为自己的性格会诊,能使你张扬性格中的优点,舍弃或弥补性格中的缺憾。在此,我们列举四种典型的性格类型,并一一进行分析。

1. 活泼型性格

活泼型的人拥有诸多优势,活泼型的人总是在寻找新事物,喜欢新鲜空气,富有创造力和想象力。

活泼型的人做事往往闪电般地开始,流星般地结束。他们懂得把工作和生活变成乐趣,他们会边唱歌边打扫卫生,干起活来总是很开心的样子。

活泼型的人,无论何时何地都能和人愉快地交谈,并带给人活力。活泼型的人不会强迫自己去对别人感兴趣,他们通常认为自己应该站在生活的舞台上,将自己的角色发挥到极致,而别人天生就应该当观众。在别人的注视下,活泼型的人有可能会变得自高自大,目中无人,以自我为中心。

活泼型的人总会有很多的主意,他们喜欢利用自己的魅力让别人去做事,这是活泼型人的一个很大的特点。活泼型的人非常主动,喜欢自告奋勇,但也会做出力所不能及的承诺。活泼型的人喜欢发动别人去完成自己想做的事情,他们会提出很好的创意,但却尽量避免自己去做。

活泼型的人做领导感染力很强,他们一般不会总揽大权,却会巧妙地分配工作，适时地授予权限，有效地管理下属，具有号召力和别具风格的领导力。他们善于激励和启发下属，促使下属热情地工作。

活泼型的人最适合做主持人和司仪，因为他们的活跃会把气氛搞得很好。很多名人，包括出色的主持人、优秀的演说家、著名的演员、卓有成就的企业家等，都是活泼型的人。

2. 完美型性格

完美型的人思考缜密，工作严肃认真，目标长远。

完美型的人看问题很全面，喜欢看数据说问题，喜欢按计划有条不紊地做事，分析问题注意细节、可行性和经济效益。他们天资聪慧，善始善终。

完美型的人都是完美主义者，做事一般有较高的标准，每件事都要做到最好。但也会因此产生办事拖拉、不干脆的习惯。或者自己将这种高标准强加给别人，让别人无法承受，这时，完美型的性格就成了一个缺点。

完美型的人喜欢周密思考，但是如果超过了一定限度，就变成了钻牛角尖，且容易因为计划受挫而情绪不振。

完美型人的座右铭是：要做就要做到最好。他们一旦认定了目标，就会不惜一切代价去实施。许多思想家、艺术家、工程师、科学家以及策划师等都是属于完美型性格的人。

3. 力量型性格

力量型的人目标明确，行动迅速。可以这样说，活泼型的人在说，完美型的人在想，而力量型的人在做。

力量型的人会主动改变环境，往往能在别人失败的地方取得成功。力量型的人是天生的领导者，能够纵观全局，运筹帷幄，是处理问题、解决难题的高手。

力量型的人有一个明显的特点，就是注重实际。力量型的人天生有领导能力，他们对员工很好，考虑员工的福利，但也非常严格。力量型的领导只关心结果，他们不允许员工找借口，只要员工用能力和成绩说话。

力量型的人通常工作很出色，他们比任何性格的人都肯下工夫，在他们的意识中，只要自己下定决心，就没有办不成的事，他们不愿意休息和放松。在力量型的人看来，活着就要不断地追求进步和成功，勇往直前。只要有事情做，他们就不会闲下来。而这样的性格，往往也会造成他们过度劳累，从而让自己的健康受到威胁。

力量型的人做事情非常有主见，就算所有的人都反对，他们也会坚持到底。

力量型的人是雷厉风行的领导型人才，但从另一个角度看，他们也容易固执独断，专横跋扈。

力量型的人好胜心太强，无论大小事，总是忍受不了不如别人。他们总是能合理地解释为什么“都是别人的错，不关我的事”。一旦他们意识到自己的问题，就会很快改进。

在遇到挫折的时候，力量型的人往往愈挫愈勇，永不言败。对力量型的人而言，困难和挫折恰恰是最好的前进和成功的动力。很多运动员都是力量型性格的人，他们的竞争意识特别强，且喜欢挑战，不怕挫折。

4. 和平型性格

和平型的人通常比较低调，他们一般深藏不露。和平型的人虽然表面是平和、亲切的，但却不易沟通。和平型的人没有很明显的缺点，这也是和平型的人最大的优点。和平型的人没有脾气，不闹情绪，但缺乏热情，没有主见。

和平型的人容易得过且过，没有追求。他们根本就不想做事情，他们的消极避世可能会避免许多麻烦，但也会因此失去许多获得幸福和成功的机会。

性格虽然具有先天性和稳定性，但是它仍然离不开后天的塑造。人的基本性格主要取决于基因中某些固有的因素，认识一个人的基本性格特征，并在必要时对其做一定程度的修正，就能塑造相对完美的性格。塑造性格的主动权，不在命运的手中，正握在我们自己的手中。

为自己的性格把脉

在每个人的灵魂深处，都交织着美与丑、善与恶、圣洁与鄙俗、崇高与滑稽、伟大与渺小、光明与黑暗等情感的激烈搏击，这种搏击使人的内心世界成了波澜起伏的大海，它不断地动荡，不断地突破平衡，又回归于平衡。这种互相搏击、互相转化的状态构成了性格的多样性和复杂性。

人的性格都具有双重性：它总是存在着表象与内质的对照、粗糙与细致的划分、高级与低级的区别。在一个人的性格中，美与丑、爱与恨、悲愁与欢笑、崇高与卑鄙总是复杂地交织在一起的。人的性格中的消极与积极、美与丑、善与恶都可以转化为相对立的另一面，使之比先前更为深厚和强大。正如雨果所说："天才的特点，便是一切天才都具有的双重的反光，就像红宝石一样，具有双重的折射。"

每个人都有自己独特的性格，同时，每个人的性格又不是单一的。每一个人的具体的性格，往往是多种性格的复合体。性格不是简单的1+1运算，它是杂糅交汇的矛盾统一体。性格中的对立面可以相互转化，进而让人爆发出巨大的能量。

性格的形成既有天生的遗传因素，也有后天的社会因素。我们只有准确地把握性格决定行为的规律，才能对性格与成败的关系有一个比较深刻的了解。充分把握性格与生俱来的特征和后天环境造成的变化，才能准确地把握人的性格。

罗杰·安德生说："每个人的性格都有优点和缺点。一味去弥补自己性格缺点的人，只能将自己变得平凡；而发挥自己性格优点的人，却可以使自己出类拔萃。”的确，性格的优点和缺点，就像一枚硬币的两面，它们相互依存。每个人只有看清自己的优点，善待自己，不断地完善自己，才能取得成功。

与诗人歌德同时代的克乃勃尔这样评价歌德：“我知道，他不是完全可爱的。他有许多令人不快的方面，我也曾领略过。但他这个人整体的总和是无限好的。”虽然歌德的内心一直充满着矛盾和冲突，但他的任何一种心态都是积极的、善意的。因此，歌德不仅是一个好人，还是一个伟大的人。同歌德一样，每个人、每一种性格都不可能是完美的，不同的性格有不同的优点，也包含着不同的弱点。但是能否成为像歌德那样优秀的人，关键是看我们能否将性格的优点发挥出来。

所以，每个人都应该及时为自己的性格会诊、定位。只有不断对自己的性格扬弃和优化，才能赢得理想的人生。

一个人，不管今天如何，只要你存有对明天的希望，不断弥补你的性格漏洞，就能超越自我，赢得美好的人生。为自己的性格把把脉，就能够对自己有一个更客观更清醒的认识，从而尽可能发挥自己性格中的优势部分，适当规避性格中的缺陷，从而让自己的人生更加完美。

破解性格系统中的“木桶效应”

一只木桶能装多少水，取决于它最短的那块木板，这就是“木桶效应”。一个人性格的完美程度，取决于这个人性格中最弱的环节，这就是性格系统的“木桶效应”。

性格的缺陷，是一个人的性格“木桶”中最短的“木板”。换掉这块“木板”，就铲除了性格中的最大的弱点，从而发挥性格的长处，把性格这个“木桶”装得圆满。

1927年6月2日，清末民初的著名学者王国维在北京颐和园的昆明湖自沉而死。对于其死因，有很多种说法，有人说王国维曾任过清朝末代皇帝溥仪的老师，溥仪的退位、大清的崩溃，使他伤感万分，因此最终走上了绝路；有人说他是因为悲观厌世才选择投湖自尽；也有人说他是受好友兼亲家罗振玉逼迫而死……

还有很多关于王国维死因的说法，我们在此就不一一列举了。但不管是哪一种原因，都与其孤僻、固执的性格脱不了干系。正是这种性格使王国维不能顺历史洪流而生，终日苦闷、彷徨，最终在其学术生涯的盛年自杀而终，铸就了令人扼腕的悲剧。

孤僻、固执正是王国维性格中的那块“短板”，这块性格“短板”不仅葬送了王国维的大好前程，同时还直接葬送了他的性命。

由此可见，性格的短板对一个人的命运有着重大的影响。每个人都应该予以重视。要毫不避讳地找出那块短板，并把它坚决地替换掉，这样，才会有别样的人生。

如果你发现了自己性格“木桶”中的“短板”，但是却不敢展示到别人面前，企图将其掩盖，那无异于讳疾忌医。这样不仅不不能使“木桶”的容量变大，还会让你被这块“短板”所限制，很难再有提升的空间，甚至会成为你的致命隐患。

现实生活中，人只能寻求近似的完美，而找不到绝对的完美。在生活中的任何领域寻求完美，都不过是抽象的幻想而已。性格也是如此，没有人有绝对完美的性格，每个人的性格中都有短缺的一块“木板”。即使构成你的性格“木桶”的木板都比较长，但总有一块相对较短的，换掉那块“短板”，你就铲除了性格中最大的弱点，也就消除了性格系统中最大的隐患。破译性格系统中的“木桶效应”，就是替换性格中最弱的“短板”，从而把性格中完美的一面展现在众人面前。

发现你性格中的钻石矿脉

很久以前，在非洲有一个一心想发财的农场主。一天傍晚，一位珠宝商到这位农场主家来借宿。农场主对珠宝商提出了一个问题："世界上什么东西最值钱？"

珠宝商说："钻石！"

农场主又问："在什么地方可以找到钻石呢？"

珠宝商说："这不好说。也许在很远的地方，也许就在你我的身边。不过我听说在非洲中部的丛林里蕴藏着钻石矿。"

第二天，珠宝商就离开了农场，四处收购珠宝去了。而农场主做出了一个决定：将农场以低廉的价格卖给了一位年轻的农民，然后，匆匆上路，到远方寻找宝藏去了。

第二年，那位珠宝商又路过这里，到这个农场借宿。晚餐后，年轻的农场主和珠宝商在客厅里闲聊。突然，珠宝商看到书桌上的一块石头，顿时眼前一亮，他郑重其事地问年轻的农场主这块石头是在哪里发现的。

年轻的农场主说："就是在农场的小溪边捡的。"

珠宝商非常激动地说："这不是一块普通的石头，这是一块天然钻石！"

后来经过勘测发现，整个农场的地下蕴藏着一个巨大的钻石矿。

而那位去远方寻找宝藏的老农场主却最终沦为乞丐。

每个人性格中都有自己的短板，但与此同时也都有优于别人的地方。有短板要找出去掉，有长处同样要找出。这个长处，就是我们能够享用一生的钻石矿脉。每个人身上都蕴藏着一个可以让自己享用一生的钻石矿脉，如果你千方百计地想去学习别人的长处，就很可能埋没了自己的长处，你的这个钻石矿脉就很可能被你拱手让人或永远得不到开发。

性格是一个多侧面的棱镜，在这么多的侧面中，不是每面都能闪现出灿烂的光辉，很可能有一面甚至几个面是消极的。再杰出的人，也会有其性格方面的弱点；再消极的人，其性格中也会有积极的一面。性格是出于自然的璞玉，关键在于打磨，性格的宝藏，就是在不断地打磨中才能显现出本色的光芒。

性格是决定人生成败的基石

一个人的行为受性格的影响,而人的行为又极大地决定着他能否取得成功。性格可以帮助每个人找到真实的自己,从而理解自己的思想。一流的销售人员,一流的教师、医生,一流的心理专家、律师、政治家……他们之所以能够取得成功,很大程度上是因为他们善于观察和解读自己与别人的性格。

有位美国记者采访晚年的摩根:“你认为是什么条件决定了你的成功?”

摩根毫不掩饰地说:“性格。”

记者又问:“资本与资金相比,你认为哪个更重要?”

老摩根斩钉截铁地说:“资本比资金重要,但最重要的还是性格!”

翻开摩根的奋斗史,我们会发现,无论他成功地在欧洲发行美国公债,大搞钢铁托拉斯计划,还是冒着生命危险推行全国铁路联合,都是由于他具有刚毅和敢于冒险的性格,如果没有这一条,恐怕有再多的资本、再雄厚的资金,也无法实施投资银行这一伟大的开创性事业。

性格对于摩根事业上的成功有着决定性的影响。这对于很多人来说,也都十分适用。美国曾经公布过一份权威调查,调查显示:美国此前20年政界和商界的成功人士的平均智商仅在中等,而情商却很高。

1995年5月,华盛顿大学的350名学生请来世界巨富沃伦·巴菲特和比尔·盖茨演讲,当学生们问到他们怎么变得如此富有这一问题时,巴菲特说:“这个问题的原因不在智商,而在于习惯、性格和气质等多方面的因素。”

盖茨也表示同意，他说："我认为沃伦关于性格的话完全正确。"两位成功人士道出了自己成功的诀窍。

巴菲特和盖茨还指出：性格中还包含脾气和习惯。也许你无法在短时间内改变自己的性格，但是，你可以试着改变自己的脾气和习惯，因为它们影响着你的性格，你要让它们"辅佐"性格向成功的方向发展。

性格是一把双刃剑，好的性格是一个人成功的源泉，而性格中的缺陷往往是导致一个人失败的祸根。因性格而导致失败的人可谓不计其数。正所谓"成也性格，败也性格"。当你希望自己成功时，须摒弃性格中不好的因素，将性格中积极的因素发扬光大，只有主宰了自己的性格优势，才能主宰自己的命运。所以说，要改变你的世界，首先就要优化你的性格。如果你的性格是健康的，你的人生也会是幸福快乐的；同理，如果你的性格是病态的，那么你的人生也会是痛苦忧伤的。

不同的性格，演绎不同的人生

美国成功学家拿破仑·希尔就性格的意义说过这样一段话："人与人之间只有很小的差异，但是这种很小的差异却造成了巨大的差异！很小的差异就是人所具备的心态是积极的还是消极的，巨大的差异就是成功和失败。"很多时候，这种很小的差异不仅像拿破仑·希尔说的那样，决定着一个人的成败，它甚至决定着一个人一生的命运。

两个乡下人外出打工，一个准备去上海，一个打算去北京。可就在等车的时候，他们各自都改变了主意。因为他们听到邻座人议论说，上海人精明，连问路都要收费；北京人质朴，见到吃不上饭的人，不但给馒头，还给衣服。

原本准备去上海的人想：还是去北京好，就算挣不到钱，至少也不会饿着，他庆幸自己还没有上车。而原本打算去北京的人则想：还是去上海好，既然连给人带个路都能挣钱，那还用发愁找不到挣钱的活儿吗？他也庆幸自己还没有上车。

就这样，两个人在退票处相遇了，他们互换了车票，本准备去上海的去了北京，本准备去北京的去了上海。

去北京的发现，北京果然很好。他最初到北京的一个月里，虽然什么事都没干，但也没有饿着，不仅银行大厅里的纯净水可以白喝，而且大商场里欢迎品尝的点心也可以白吃。

去上海的人发现，上海果然很好挣钱，干什么都可以赚钱，擦皮鞋可以赚钱，弄盆凉水让人洗脸也可以赚钱。凭着乡下人对泥土的深厚感情和独特的认识，他在建筑工地上弄了10包含有沙子和树叶的土，以“花盆土”的名义向爱养花的上海人兜售，一天就赚好几十元。一年后，凭出售“花盆土”的收入，他在上海租了一间小小的铺面。后来，他又发现，清洗公司原来只负责清洗楼面，不负责清洗招牌。他立即抓住这一空当，买了梯子、水桶和抹布，办起了小型清洗公司，专门负责清洗招牌。很快，他的业务就由上海发展到杭州和南京等地。

不久，他去北京考察清洗市场。在火车站，一个捡垃圾的人向他要空矿泉水瓶子时，双方都愣住了，因为五年前他们换过一次车票。

命运给两个人开了一个玩笑，让他们在从同一起点走出后的五年里再次相遇。命运是公平的，他给了两个人同样的机会；命运又是不公的，他给了两个人不同的结果。

但是，反过来想想，这是命运的安排吗？命运是服从于个人的性格的。性格决定命运，有什么样的性格，就有什么样的命运。两个人之所以有了截然不同的命运，根本原因在于两个人的性格有着本质的区别。去上海的人在最后决定去上海的那一刻，就已经让我们看到了他勇于挑战自己的精神，因此，他凭借自己的勤奋努力，凭借自己敏捷的思维，抓住了一次又一次挣钱的机会。而去北京的人，在决定不去上海而去北京的那一刻，就向我们展示了他的消极怠惰、不思进取，因此，情愿不劳而获的他，不再想着用自己的努力去取得成功，最终，也只落得个在车站捡拾垃圾度日的困境。

由此可见，性格对一个人的影响是十分明显的，但这并不是说拥有什么样性格的人就一定成功，而拥有另一种性格的人就一定失败。因为世界上没有单一性格的人，每一个人的性格结构都是丰富多彩的。只要注意挖掘、利用自己性格中积极的一面，克服自己性格中消极的一面，成功就不再遥远。

每一种性格都能成功

促使事业成功的因素有很多,包括职业的选择、受教育的程度、个人的综合素质等,其中性格因素可以说是起着决定性的作用。

性格对成功是有影响的,成功的标志是你的行为达到了你预期的目标。性格是人格的一部分,在达到目标之前的过程中,性格是可以左右人对事物的决断能力的。

张先生是某集团公司的董事长兼总裁,1989年大学毕业后留京,在一家工厂做出纳,月薪72元。一年后他辞职下海,从批发电子元器件开始,到生产计算机配件和无线电配件,生意越做越大,最终有了自己的集团公司。说到成功和性格的关系,张先生说:"只要你不优柔寡断,总有成功的机会。"性格开朗乐观的张先生为人随和,因此,他的朋友也是遍天下,走到哪里他都是中心人物,周围的人都说,是开朗大气的性格促成了他的成功。

开朗大气的性格可以推动人成功的步伐,那么,老实内向、不苟言笑的性格就一定会阻碍成功吗? 当然不是!

李先生在34岁时就已经是某部某局的局长了。但是,尽管如此年轻有为,他却不爱说话。他为人稳重,做事一丝不苟,周围人难得看到他笑,也没有成群的朋友,甚至,据说他在家里跟家人也很少交谈。但是,年纪轻轻就能坐到局长的位置上,谁又能说他不成功呢? 尽管有不少人纳闷,如此不善言辞、不苟言笑的一个人怎么会仕途如此顺利,但同时也还有很大一部分人心知肚明,他们都知道那是李先生少说话多做事,一步一步脚踏实地干出来的。

由此可见,衡量成功并没有严格的标准,也不是说拥有某种性格就一定能成功或一定不能成功。但是,有一点需要明确,那就是性格和成功是有着必然联系的,即:无论是内向性格还是外向性格,都有着利于成功和阻碍成功的因素。

性格本身无所谓好坏,每一种性格都各有长短强弱,每一种性格都有可能让人成功。再成功的人性格上也有弱点,只是,有些人性格上的弱点注定他是个扶不起的阿斗,而另外一些人,则是在发现弱点后,及时加以改正,所以很容易成功。如果不愿改变和完善自己的性格,你就永远无法改变自己的命运。

性格并没有好坏之分,不同的性格和不同的策略与原则,让一个人在迈向成功的道路上也会有不同的选择。性格的领域是开放的,每个人的性格中都自有优势存在。

性格没有好坏之分,关键是我们怎么去运用性格,怎么运用好的方法让大家都能够得到成长和成功。不要只盯着自己性格中的弱点,去苛求所谓的完美。只要不带偏见地认真审视自己,就总能够找到自己性格中的优势。

性格主宰你的生活轨迹

决定命运的是性格而非环境

人类从睁开双眼的那天起，就为命运所困扰，人类的历史也是与命运进行永不妥协的斗争的历史。古人讲："三十而立，四十而不惑，五十而知天命。"这里的天命，并非预知自己命运，而是说人到了五十岁以后，已经懂得了自己能做什么和如何去做，也就是将外在的命运内化为自己的性格。把握住了自己的性格，也就把握住了自己的"天命"。

很多人总喜欢把自己遭遇的不幸归结为环境和别人的原因，而不知道从自身找原因。其实，环境对一个人的命运确实有一定的影响，但更重要的是一个人的性格因素。是你自己的个性，决定着自己人生的成败。

对于一个人来说，最坏的事情莫过于总认为自己生来就是不幸之人，认为自己天生没有一个优越的环境，认为命运之神总是不垂青自己。其实，世上本就没有什么命运之神，我们自己的命运掌握在自己的手里，命运要靠我们自己去主宰。下面的故事告诉我们,环境不是阻碍成功的因素,性格才是改变命运的力量。

20 世纪初,福建某贫穷的乡村里住着兄弟俩。因为不愿忍受穷困的日子,他们决定离开家乡,跟着亲戚到海外去谋发展。

开始的时候,哥哥好像相对要幸运一些,他被带去了富庶的旧金山。而弟弟却相对不幸些,他被带到了比较穷困的菲律宾。

40 年后,兄弟俩相聚了。这时的哥哥,已经当了旧金山的华侨领袖。他拥有两家餐馆,两家洗衣店和一家杂货店铺,而且子孙满堂。在他的子孙中,有些承继衣钵,有些成了杰出的专业人才。而弟弟则成了一位享誉世界的银行家,拥有了东南亚相当多的山林、橡胶园和银行。

虽然环境不同,但是,经过几十年的努力,他们都成功了。而且,当初相对不幸的弟弟,居然比哥哥取得了更大的成功。

那么,为什么在不同的环境中,兄弟两人在事业上都能取得成功?而相对幸运的哥哥,又为什么没能达到弟弟那样的成功呢?

谈到自己的经历,哥哥说:"我们没有什么特别的才干,惟有用一双手煮饭给白人吃,为他们洗衣服。总之,白人不肯做的工作,只要我们愿意去做,生活就没有问题。但是,也不敢奢望有太好的事业发展,惟有安安分分地去做一些基础工作,要想进入上层的白人社会是很困难的。"

而弟弟在谈到自己的成功时则说,自己初到菲律宾,也是只能做一些低贱的工作,但是,渐渐地,他开始融入这个社会,并且抓住机会,让自己获得了更好的发展。

由此可见,影响我们人生的绝不仅仅是环境,更重要的是一个人的性格,性格控制了人的行动和思想,也决定了人的视野、事业和成就。这两位兄弟的成功,并不在于他们的环境,而在于他们共同的性格特征。而他们最终取得的成就不同,也来自于他们的性格特征有着些许的差异。

在 20 世纪中期,心理学家就发现,在影响一个人成就的各种因素中,直接影响学习成绩、工作成就的记忆、演算等智力的影响只占 20%;个人的出身、生活环境、机遇等占 20%；而动机、意志、情绪、信仰与习惯、人际关系等间接影响学习成绩、工作成就的性格因素，造成的影响却高达 60%！一个人的学习成绩、工作成就主要是由这个人的性格因素决定的。

美国心理学家鲁本塞教授指出，在美国 47 位总统中，成功的总统往往是固执和不讨人喜欢的。研究发现，成功的总统都非常自信，富有理想和勤奋精神，但他们同时也非常自负，有“为求目的不惜一切”的性格。

大科学家爱因斯坦也把自己的成功归功于性格。爱因斯坦晚年曾这样评价自己：“我自己并没有特殊的天才。好奇、着迷、顽强的耐力，加上自我批评，使我达到了我的思想境界。”

当然，我们既要重视性格在事业成功中的作用，又不可过分夸大。成功的因素多种多样，性格不过是其中的一个重要环节。

好性格成就精彩人生

人的性格世界就像一个丰富多彩的百花园。走进这个百花园，可以看清性格中的每个个体，分析自己性格中的优势和弱点，并进一步完善自己的性格。只有培养良好的性格，才能使你树立正确积极的人生态度，才能使你转弱为强，转贫为富，转危为安，并由此收获一个辉煌的人生。

好性格是幸福人生的基石，一个人拥有好的性格，就等于抓住了成功与幸福的入场券，好的性格会潜移默化地改变一个人生活的各个层面，进而改变一个人的一生。

曾国藩是中国历史上著名的“贤相”，一生福禄寿禧全都占全了。他也是成功开发良好性格宝藏的典型，后人对他的一生的评价争议颇多，但他的成就也是有目共睹的，他的一生正是得益于其方圆得体的性格，他性格中能方能圆，能柔能刚的个性，使他居庙堂之高而剖解民心，处江湖之远而深得君意。他是倔强刚猛的“曾剃头”，也是温厚宽容的“圣相”，位列三公，权倾朝野。他得到了一个汉族官吏前所未有的名利和权势。

服装大师皮尔·卡丹曾经一贫如洗，独自到巴黎闯天下，他的虚心好学、大胆创新使他成了有名的服装设计师，并在他28岁那年，创建了自己的服装公司，起初他的公司在巴黎服装界显得太微不足道，但是他敢想敢做，不断谋求新的经营理念，不懈地开拓创新、迎接挑战。皮尔·卡丹的发家史，实际上也是他敢想敢做、不断开拓的奋斗史。

……

这两则事例本身并无什么关联，但是它们体现了同一个道理，那就是有什么的性格就有什么样的人生。当然了，因为性格成功的例子不胜枚举，其共同之处在于每一位成功者都有自己的性格优势，并把这种优势发挥到了极致。

每一种性格都有其自身的优点，也都有不完善之处。但是，无论是哪种性格，无论是有哪些不足，作为一种优良的性格，它都会包括以下这些优秀的因素在里面。

独立性：不论是什么样的性格，独立都是不可或缺的。

前瞻性：目光长远，不被眼前的利益所迷惑。

冒险性和行动力：做事不拘谨畏缩，敢作敢为；认准的事情，勇于付出一切代价去努力争取。

责任感：勇于承担由自己的决定带来的一切责任，是一种良好性格应有的素养。

自制力：人都会生气，但是能够在愤怒的时候，不失去理智，把握住尺度，办事理智、稳重，能真正听从合理的建议。不把事情做到极端，也是良好性格必须具备的一点。

博爱与包容：付出爱，从爱自己的配偶、孩子、亲戚、朋友中得到乐趣。

优秀的性格是我们的法宝，它能让我们在错综复杂的人际关系中游刃有余；良好的性格是我们内在散发的魅力，它让我们能在坎坷的求生之路上战无不胜。

每个人的性格都不是完美的，总会有这样那样的不够完善。及时为自己的性格会诊，不断地优化自己的性格，才能拥有健康的身体、愉快的心情和幸福的人生。

健康性格是成功的前提

一个人的性格不仅能对智力产生影响，还在很大程度上决定着他能否取得成功。上学时班级里最聪明的学生，不一定是最可能获得成功的人，而一流的推销商、教师、医生、心理专家、经理、律师、政治家，有时候在上学时成绩并不突出。他们之所以能够取得成功，正是因为他们拥有健康的性格。

现代科技社会的高速化、高效率、高度文明造成人们心理与身体的种种不适，人际关系中不断的矛盾、冲突所带来的病症，是现代人面临的重要问题。而要唤起人们潜在的性格力量，战胜现实生活面临的困境和难题，首先要有健康的性格。

健康性格作为人的一种行为方式，其主要的性格行为取向被认为是个人充分发挥潜能和价值的能力。马斯洛认为具有"健康性格"的人就是能够"自我实现"的人，罗杰斯把"健康性格"的人看做是为美好生活而奋斗的人。

健康性格主要包括以下几个原则：

1. 自我认可原则

自我认可是指拥有健康性格的人对自己有着较为明确的了解，能客观地认识和评价自己，既承认自己的能力和才干，又承认自己的不利条件或限制因素。

拥有健康性格的人，有一种积极的自我观念，使得他们能正确地采取行动，从而更好地发挥自己的潜力，成就更多的事情。

2. 智慧原则

智慧原则指作为性格健康的人，他们对人类社会的知识和文明持有一种基本肯定的态度和一种向往、追求知识的心理倾向，要确立健康性格的生活方式，必须建立在丰富知识的基础上，一个人的勤奋、学识和社会阅历是健康的生活方式和健康性格的正系数。健康性格的人，善于从人类丰富、优良的知识宝库中提取养料，以培养和提升自己的智慧。

3. 创造性原则

创造性原则，是指能最大限度地发挥自己的优点和长处，使自己的人生道路和生活更符合自己的特性，为社会的发展和进步发挥自己独特的作用。

健康性格的人，在一定的条件下或他人的帮助下人能够进行设想，做出计划，并把价值观见诸行动。遵循创造性原则的人享有自我创造带来的成功喜悦。同时，这种创造反过来又促使他们能更积极地对待生活，不断地进步，更有效地工作和生活，从而培养出一副更聪明、更富有智慧的大脑，使其在工作、人际关系和婚姻等方面更富有美感和健康的情趣。

4. 社交原则

具有健康性格的人具有乐于与人交往的特点，在与人交往时，一般对他人持有的肯定态度（如尊敬、信任、诚挚、谦让、善良等）多于否定态度（如憎恶、怀疑、恐惧、欺骗、骄傲、敌对等），对自己所属的团体或群体有一种休戚与共的情感。

社交需要是人类生存和发展的基本需要。一个人的生理需要和安全需要获得了满足，他就会产生一种爱和归属的感觉。每个人都希望有自己幸福的家庭，希望自己为团体所接纳，希望自己拥有良好的人际关系。

健康性格不仅对个人重要，而且对社会也是重要的。一个人要在社会或者在家庭中，做一个有作为的参与者，必须能够和他人建立积极的关系。否则，不但不能很好地参与社会生活，不能充分地发挥自己的潜能和价值，还会给人与人之间的关系带来伤害。

好性格收获好人缘

人际关系良好是创造财富的重要条件，一个人的力量毕竟是有限的，要想干一番事业，除了自己的奋斗外，还需要取得别人的帮助。

人际关系，是感情和关系的网络。人际关系本质上就是“我为人人，人人为我”的互利关系。要想拓展人生，就必须精心编织一张属于自己的社会关系网。

拓展人际关系，还应从培养社交型性格上入手。一个人的性格在人际交往中起着至关重要的作用，在全面开放的市场经济背景下，在方方面面都在与国际接轨的情况下，善于交往的性格对人越来越重要。

那么，哪些性格在人际交往中能使你备受欢迎呢?

1. 诚实

每一个成功者都应具备诚实守信的优良品质。因此，在人际交往中尤以“诚”为最。诚实是道德与智慧的高度融合，是人际交往中不可缺少的调和剂，人们往往把一个人诚实与否作为衡量是否可以与之交往的标准。诚乃交友第一原则，没有人愿意与不诚实的人交往。

2. 谦逊

一位智者曾经说:“如果你想得到仇人，就表现得比对方优越。如果你要得到朋友，就请在对方面前保持谦虚。”事实的确如此，在生活中，我们不难发现这样的现象，越是有成就的人就越懂得谦虚之道，他们内中豪气冲天，外表却永远谦虚地待人处世。因此，我们也应该时刻要求自己做一个谦虚的人。

3. 宽容

宽容大度不会伤人和自伤，拥有一个"宰相肚"，既给别人一个宽松的环境，也给自己一片广阔的空间。如果你有一个"宰相肚"，相信天下难容之事和难容之人对你都将不成问题，你也将因此敛聚众多人心。一个宽容的人是厚道、耐心、开明、谦逊、友善的人，同时也是有深谋远虑和聪明智能的人。

4. 幽默

幽默要求说话者要有较高的思想境界、机智的头脑和较佳的涵养。幽默的谈吐应建立在说话者思想健康、情趣高尚的基础上。一个说话处处流露出幽默感的人是可爱的，幽默诙谐的谈吐，会让每一个与之交谈的人都开心、愉快，给众人留下极深刻的印象，这样的人必然会成为人们经常提起的热门人物。

5. 热情

热情是一种由眼睛、面孔、灵魂整体辐射出来的兴奋，热情让人的精神为之振奋，热情能唤起一个人内心深处神奇的力量，让人散发出一种炽热的光辉，这种力量正是吸引和感染人的魅力。

一个充满热情的人，他的志向、兴趣、为人和性情都能从他的一言一行、一举一动中表现出来。热情会让人把谈论的中心转移到他们最感兴趣的事情上。你把热情传递给你身边的人，他们也会因此觉得和你在一起很快乐。

6. 富有同情心

学着关心别人，不要只想着自己，要学会在别人沮丧的时候，理解他们，陪伴他们。真正的同情心应体现在行动上，当别人遭遇不幸的时候，要积极地想办法帮助他，与其用眼泪表达你的同情，不如用行动来表示。你独有的细心和关怀，能保证你在为人处世中做得更好。

7. 平易近人

很少有人愿意亲近一脸严肃的人，而那些乐于和别人分享生活乐趣，展示自己生活情趣、兴趣爱好等不同侧面的人更容易和周围的人产生共鸣。

这些性格都是积极、热情的性格，与具有这样性格的人打交道，你会感觉到快乐，感觉到兴奋、有活力、有激情；在与他们接触时，你会感觉到被尊重和被信赖；他们的到来，能让你的生活增加更多的阳光和活力，减少一些阴暗和沮丧。这样的人，又有谁不喜欢呢？这样的人，又怎么不收获好人缘呢？

性格决定职业选择

世界上的职业有许多种，据不完全统计，在目前的社会里，有数千种职业之多。在这众多的职业中，我们如何选对适合自己的职业呢？

职业选择标准即：这个职业适合你，你也热爱这一职业。更重要的一个方面，就是必须考虑它是否适合你的性格特点。

性格与行业联系并不密切，但是，性格与职业却有着根本性的联系。性格本身并没有什么好坏，但选择职业时，要看性格与职位的契合度究竟如何。我们在此做一些简单的分析。

以下是内向性格与外向性格对职业选择的影响：

1. 内向型性格

内向型性格的人，往往把他们的注意力和能量集中于自己的内心世界，他们喜欢独处，喜欢在感受世界之前先去了解它，他们的大部分活动都是精神上的。他们一般偏好小范围的社会活动，或者是在一个小群体内。内向型性格的人，总是避免成为众人关注的中心，他们一般要比外向型的人沉默一些。

内向型的人适合扎扎实实地做一份工作。一般来说，需要单独一个人从事的职业是最适合他们的。

内向型的人在特别需要耐心的工作中更能发挥特长，要求周密、细致、规则、单纯反复的工作，都适合内向型的人。比如：学者、研究者、技师、书记员、会计、电脑操作者等。

以复杂的人际关系为主的职业,不适合内向型的人。内向型的人,可能适合做个优秀的经济学者,但不太适合担任公司的经营者,同时,他们也不适合从事服务业。但是,内向型的人由于具备了诚实、严谨、忠厚、有耐心等优点,有时候,在处理复杂的人际关系时,反而能出奇制胜。内向型的人如果想要锻炼自身待人接物的能力,需要付出比一般人更大的努力。

2. 外向型性格

外向型性格的人一般把注意力与能量都汇聚于外部的世界,他们喜欢寻找别人,以感受人与人之间的相互作用。无论是一对一,还是在一个群体当中,外向型性格的人常常会被外部的人和物所吸引。

外向型性格的人需要通过感受来了解世界,他们更趋于参加很多的活动。他们喜欢成为活动的焦点,而且容易接近,他们更容易结识陌生人。

外向型的人比较适合同周围的人齐心协力工作,他们最适合与人接触频繁的工作,如与交涉、谈判有关的接待工作、服务工作、销售工作等。外向型的人也适合做宣传人员和教育者。杰出的公关人员,大多都是这种类型的人。外向型的人如果有卓越的领导能力,更适合成为指挥、监督和领导者。

性格开朗作为一种处世心态,对一个人的职业发展有很大的帮助。开朗不代表没有心机,一个人完全可以生性开朗,同时,还具有敏锐的洞察力和高明的谋略。性格开朗的人适合的工作很多,他们在什么地方都能找到乐趣。从销售、市场策划到管理,都需要由开朗的人来主持。

每一种性格都有它的优势和弱点,只要把握好自己的性格,进行合理运用,发挥优势,规避短处,每一种性格都能成功。

接下来,我们再就与职业相关的性格类型,进行具体分析。

心理学家认为,人们与职业相关的性格有六种,即现实型、探索型、艺术型、社会型、事业型和常规型,这六种类型的人具有如下典型特征:

1. 现实型

现实型的人表达能力不强，不善于与人交往，思想较保守，对先进的东西不感兴趣。这类人适合从事机械制造、建筑、渔业、野外工作、实验工作、工程安装以及某些军事职业等。

2. 探索型

探索型的人对工作表现出极大的热情，但是对周围的人不感兴趣，他们可以沉溺于研究问题中，善于通过思考解决面临的难题。适合于这类人的工作是工程设计、生物学、社会科学、实验研究、物理学、气象学等。

3. 艺术型

艺术型的人对自己过于自信、敏感、情绪化，有更强的自我表现欲，他们在有自我表现机会的艺术环境中如鱼得水，他们更愿单独行动。他们往往与众不同，个性鲜明，为追求心中的理想可以抛弃一切。他们通常适合画家、歌唱家、戏剧导演、诗人、演员、音乐演奏家等职业。

4. 社会型

社会型的人责任感、正义感、公正感都很强，具有较强的人道主义倾向，社会适应能力强。他们善于与人交往，喜欢有组织的工作，乐于探讨理想、人生态度等问题，愿意帮助他人。适合于他们的工作有：学校校长、心理学家、大学教师、就业指导顾问等。

5. 事业型

事业型的人喜欢竞争，乐于支配他人，善于辞令，总试图让他人接受自己的观点，不愿从事精细工作，不喜欢长期复杂的工作。适合于这类人的工作有：经理、推销员、电视节目制作人、政治家、社会活动家、房地产经纪人等。

6. 常规型

常规型的人喜欢有秩序的生活，做事有计划，乐于执行上级派下来的任务，讲求精确，不愿冒险。适合于他们的工作有：银行审计员、银行出纳员、图书管理员、会计、计算机操作员、话务员、统计员、交通管理员等。

社会上几乎每一种工作都对性格品质有着特定的要求，要选择某一职业，就应该具备这一职业所要求的性格特征。没有良好的与职业要求相适应的性格品质，就不能很好地适应工作。

了解自己的性格类型，根据性格选择职业，有利于自己的职业发展，为自己增加自信和财富。同时，选择了适合自己的职业，自己做起来也会如鱼得水，游刃有余，自然对于自己的工作也就有着越来越浓的兴趣了。这时，工作对于自己来说，也就变成了一种享受，自己的生活也就变得更加轻松，更加快乐。

你的性格决定了你适合做什么，一个聪明的人会为性格而改变职业，一个愚蠢的人会为职业而改变性格。

性格决定职业成败

职业心理学研究表明,性格会影响一个人对职业的适应性,不同的性格适合从事不同的职业,同样,不同职业对人的性格也有不同的要求。

因此,我们在选择职业时,不仅要考虑自己的职业兴趣和职业能力,还要根据自己的职业性格特点,根据职业对人的性格要求和影响,来选择自己最易适应、最易成功的职业。

性格与职业成败有着密切的关系。理解、认清自己的性格特点,找出自身性格中的优缺点,并且学会在工作中扬长避短,才能使自己在职业竞争中表现卓越。同时,由于性格与职业的选择发生错位而导致失败的情况,也越来越多地出现在职场中。

有这么一位女教师,取得了北京师范大学的硕士学位。可是一上讲台,她就觉得浑身不自在,45分钟的课时,她讲到15分钟时就把要讲的都讲完了,下面的时间不知该讲些什么了,只得宣布下课了事。

后来,她一度到机关工作,却是如鱼得水。比较之下,她才觉得自己更适合于在行政工作方面发挥自己的才能。

这位女教师并不是没有文化,也不是没有能力,只是她不适合站在讲台上,不善于做传授知识的教师罢了。她之所以能够把行政工作做得出色,恰恰是她的性格与机关的工作环境相吻合。有句话说:“平凡的东西运用得恰当就是美丽。”这同那句“宝贝放错了地方就成了废物”异曲同工。适合的才是最好的，而适合某种职业的性格，也当然会使人胜任该职业。

在现今的职场中，很多企业都把性格测试放在首位，因为性格在某种程度上比能力更重要。一个人能力不够，可以通过培训提高；但是，如果一个人的性格与职业不匹配，那就很难做好本职工作。因此，在进入职场前，首先要看清自己的性格，然后根据自身的性格选择属于自己的职业。

只有充分认识自己的性格，尽量选择那种与自己的个性爱好相吻合的行业，你才能拥有一份得心应手的工作，才更能充分发挥已有的知识和技能，从而能最有效地利用你自己的资本。

富兰克林说："有事可做的人就有了自己的产业，而只有从事天性擅长的职业，才会给他带来利益和荣誉。站着的农夫要比跪着的贵族高大得多！"

性格若能与工作相匹配，工作中便能得心应手，很容易取得成绩，也让人更富有成就感。反之，如果不能适应工作中的各种情境，工作起来就会有诸多困难，对个人和职业的发展都会造成不好的影响。

英国首相丘吉尔才华横溢，完全称得上是一个伟大的天才式人物。但是，天才也不是样样都行，他的天才也只是在适合的领域里才能发挥作用。

有一次，丘吉尔的老朋友——美国证券巨头伯纳德·巴鲁克陪他参观华尔街股票交易所。丘吉尔当时已年过五旬，但狂傲之心丝毫不减当年，那里紧张热烈的气氛深深地感染了他，他也决定下海小试一把。

于是，他让巴鲁克给他开了一个户头。没想到，丘吉尔的头一笔交易很快就被套住了，这让他很丢面子。接下来，他又瞄准了另一只很有希望的股票，但股价偏偏不听他的指挥，一路下跌，他又被套住了。丘吉尔做了一笔又一笔的交易，同时也陷入了一个又一个的泥潭。

到下午收市钟响时，丘吉尔惊呆了，他已经资不抵债了。

正在他绝望之际，巴鲁克递给他一本账簿，上面记录着另一个温斯顿·丘吉尔的"辉煌战绩"。

原来，精明的巴鲁克早就料到，丘吉尔的聪明才智在股市中未必能有用武之地。因此，他提前为丘吉尔准备好了一根救命稻草。让手下人用丘吉尔的名字另开了一个账户，丘吉尔买什么，另一个"丘吉尔"就卖什么；丘吉尔卖什么，另一个"丘吉尔"就买什么。这才让这位聪明的大人物得以保住资本。

正如俗话说的"隔行如隔山"，如果你曾在某一领域取得成功，并不能说明你样样都能行。倘若因感觉无所不能而毫无顾忌地投身于自己并不占优势或根本不适合的领域，结果可能会败得很惨。但是，这道理很多人都懂，真正应用起来却并不容易。就连丘吉尔这样的大人物还免不了犯下如此"低级"的错误，更何况我们这些普通人呢？我们应当时刻提醒自己做本分之事、擅长之事，做那些与自己的性格相符之事，因为我们都知道，人的时间和精力总是有限的，倘若样样都参与，就难免顾此失彼了。

有关专家认为，每个人的性格都是一个多种类型混合成的矛盾体，但是"万变不离其宗"，每个人的性格中都一直保留着某种恒定的偏好，无论时间如何流动，它们都保持着本质的稳定。

而性格偏好，就是你以某种方式做事的天生爱好。就像你的左右手，你每天都要使用自己的两只手，但你一定偏好使用其中的一只，因为它使用起来更加自如、更加协调。如果你一定要用另外一只手，也不是不能，只是做起事来不如另外一只好，如同大多数人用左手写字不如右手写得好一样。

当然，性格也并非完全无法改变，性格在一定程度上来源于后天的培养，如果你已经选择了一个职业，或者不得不选择某一职业，那么，就要努力寻找自己的性格中与职业合拍的因素，这往往会让你意外地发现自身存在的潜力。

人的个性并不能完全决定他的社会价值与成就水平。当你发现你的性格与职业匹配度不高时，可以通过个人努力来弥补自身不足。不过，要牢记这一点，一个人即使在与自己性格适合的职业中，如果不努力，也不会成功。

破译婚姻中的性格密码

幸福的家庭是相似的,不幸的家庭各有难言之隐。夫妻之间之所以感情破裂,往往由于两人性格不合。

因此,在恋爱期间,就必须考虑性格方面的“门当户对”,也就是双方性格的相同性、相容性、可磨合性及“长短互补”的问题。如果对这些因素考虑得不充分,结婚后,才发现自己接受不了另一半的观念或行为,就很有可能会发生婚姻危机。

你是一个什么样性格的人呢?有哪种性格的人与你更加般配呢?了解一下自己的性格,在选择你的恋爱对象时,也要认真考虑一下对方的性格,看一看你们之间的默契度和适应性如何。

心理学上把人的性格分为黏液质、多血质、抑郁质和胆汁质四种类型。黏液质:安静、漫不经心、散漫、邋遢、好饮食等。黏液质的人反应相对迟钝或冷淡。这类人做事动作迟缓、不修边幅,喜好享乐,多半有利己主义倾向。虽然他们反应及行动缓慢,但是,这类人通常诚实可靠,值得别人信任。

多血质:轻率、活泼,喜欢与人交往,不容易记恨别人。很容易答应别人一些事情,同时也容易忘了约定。这类人能够调整自己的喜怒哀乐,随时保持心理平衡与往前冲刺的状态,他们一旦成功或受别人赞赏,就会乐不可支。

抑郁质:抑郁质又称黑胆质。这种类型的人通常只看到人生的黑暗面,一遇到困难心理就失去平衡,一旦心情不高兴,便很难恢复正常。他们不太喜欢迎来送往的交际活动,也不太喜欢和外向活泼的多血质人在一起。

胆汁质:胆汁质又称黄胆质。该类型的人对于情绪的刺激非常敏感,意志容易动摇,没有耐心,情绪忽冷忽热。他们不喜欢被压抑,喜怒哀乐的外在表现非常明显。他们喜欢参加各种活动,但想法常常改变,通常做事只有三分钟的热度。对于公益性的事情,他们既热心也有爱心,做事情很有爆发力。

两个人的性格与婚姻的关系大致有如下13种组合。请对照以下组合,看看你和你的另一半属于哪种类型:

“黏液质”的丈夫与“黏液质”的妻子:他们在感情上少有纠纷,夫妻两人都十分保守谨慎,是一对很合适的夫妻搭配。

“黏液质”的丈夫与“多血质”的妻子:从外表看来,妻子好像比较强势,但事实上是丈夫紧握着操纵的缰绳。

“黏液质”的丈夫与“胆汁质”的妻子:老实的丈夫很容易被奔放的妻子牵着鼻子走,但是,如果妻子做了出格的事情,让丈夫颜面尽失的话,这些事就会永远成为他们之间的芥蒂。

“黏液质”的丈夫与“抑郁质”的妻子:妻子常常会向丈夫撒娇,而丈夫对于妻子那些出人意料的行动也有充裕的心情去欣赏。丈夫通常扮演强者的角色,很容易陷于现实环境中,而妻子就是他生命的兴奋剂。

“多血质”的丈夫与“多血质”的妻子:这是一对顽固而又过于刚直的夫妻,生活中,这样的夫妻会为了压抑对方而战争不断,但最后经常变成以妻子为主导的情况。

“多血质”的丈夫与“黏液质”的妻子:在别人眼里,这是由男人掌权的一对夫妻。而事实上扶植丈夫站立起来的,正是黏液质的妻子。多血质的丈夫,在不知不觉中为妻子而努力奋斗。

“多血质”的丈夫与“胆汁质”的妻子:丈夫有男人的气概,妻子有女人的特点。丈夫稳重,妻子急躁。因此,会显示出丈夫对妻子有压制的表现,如果丈夫做得太过分,彼此之间的关系就会产生裂痕。

“多血质”的丈夫与“抑郁质”的妻子:这是一对迟钝丈夫和敏感妻子的

组合，如果彼此不能容纳对方而相互挑剔的话，他们的婚姻就有点儿危险了。

"胆汁质"的丈夫与"胆汁质"的妻子：这是一对无所忧虑的快乐夫妻，有时候会因没有事先计划而出现失败，妻子似乎要多费一点心思来制止丈夫的某些冲动才好。

"胆汁质"的丈夫与"黏液质"的妻子：妻子很容易被擅讲道理的丈夫耍得团团转，丈夫全然不去理会遵守世俗的妻子，因此，两人之间很容易发生争执。

"胆汁质"的丈夫与"多血质"的妻子：这是由妻子掌权的一对夫妻，具有现实性的妻子并不受胆汁质丈夫的哄骗。但是，妻子最好不要太欺压丈夫，免得让家里的男主人变得畏首畏尾。

"胆汁质"的丈夫与"抑郁质"的妻子：这是一对充满个性和创造性的夫妻，他们不会被世俗的规矩和形式限制，在家庭中，掌握主导权的通常是妻子，当然，也有许多把兴趣用到工作上而获得成功的妻子。

"抑郁质"的丈夫与"抑郁质"的妻子：这是别人不太理解的夫妻配对，他们觉得彼此是自己最合适的另一半。但是，要注意的是，由于彼此太亲密，反而使二人之间的关系变得窒息难通。

有人认为，与性格相近、趣味相投的异性一起生活才能幸福。但是久而久之，也会感到平淡和乏味。两人在一起，贵在性格的互补、磨合和相容。

爱情最能改变一个人的性格，有的人会因为爱一个人而一改倔强的脾气，变得很温顺。如果真心相爱，就应该不断地调整各自的价值观，不断地容纳双方的性格，否则会带来很多烦恼。

婚姻生活是一件实实在在的事情，它需要两个人在尊重现实的基础上去共同追求美好的东西。性格虽然是决定婚姻生活幸福的关键，但也并不是绝对的。两个性格不太匹配的人，如果能够彼此给对方多一些宽容和理解，多一些忍让和接纳，一样可以拥有幸福美满的婚姻生活。相反，两个性格匹配度比较高的人，如果彼此不能更多地接纳和宽容对方，也未必能获得幸福。

第2章 成也性格，败也性格

XINGGEJUEDINGRENSHENGQUANJI

性格决定成败，一个人工作是否如意，事业是否有成，家庭是否幸福，朋友关系是否和谐，都决定于一个人是否拥有一个良好的性格，好性格可以助你在做人和做事的道路上，一直向着一个正确的方向走，反之则相反。

好性格是开启成功之门的金钥匙

乐观性格，苦难的生命一样精彩

一个人的一生中，最残酷的事莫过于带着一双悲观的眼睛来看世界，在悲观者的眼睛里，生命会变得暗淡无光，生活中没有绚丽和彩虹，没有阳光和温情……相反，在乐观者眼中，即使遭遇了不幸，即使命运给予自己太多的不公，但是，只要乐观对待，一样会活得精彩。

与苦难斗争是上天给予我们的锻炼机会，苦难在磨破我们稚嫩的双手的同时，也为日后更为激烈的竞争准备了丰富的经验。人们所经历的每一次不幸并非都是灾难，早年的逆境通常对于今后的人生来说，是一笔财富。

曾经有一个断了一条腿的美国士兵从越南战场回到故乡，周围来了一群孩子。这时有个孩子嘲笑他战争中少了一条腿，做衣服可以省布料。

周围围观的人们都一下子静了下来，只怕孩子无心的话会伤害到这位士兵，也担心士兵会气急发怒，伤害到孩子。

谁知，士兵哈哈一笑说："是啊，我很高兴，但我还是羡慕我另一位朋友，他一条腿也没有，比我更省布。"

这位士兵没有因为失去一条腿而悲观，而是以自嘲的方式应对尴尬，以增强自己面对生活的勇气。

自己遭遇了不幸，可以想想那些坚强的，比自己更为不幸的人，这样，自己就会觉得这一点苦难又算得了什么呢？当你发现与双目失明的海伦·凯勒、高位瘫痪的张海迪等人相比，你的不幸是那么的微不足道，你的挫折情绪很快就会烟消云散。

世界上的每一位伟人都是意志力坚强的人，查阅他们的历史档案就会发现，他们都有一部苦难史。虽然他们的遭遇不同，但都在感受痛苦的过程中使意志得到了锻炼。痛苦是对信念、信仰的残酷考验，经受住了这种考验，人的信念、信仰就比常人坚定无数倍。

世界著名的领袖人物大都具备非凡的意志力，出色的意志力是其远大目标得以实现的保障。美国前总统罗斯福就具有这样的性格特征，他果敢的开创精神和顽强的意志使得他成为伟人。

罗斯福总统在中年时罹患重病，这个时候的他刚刚当选为参议员，正值仕途得意，眼看光明的前途即将化为泡影，他差点儿心灰意冷，几乎要彻底放弃，退隐田园。不过，奋力向上的精神和顽强的意志使他继续保持乐观的心态。在治病期间，他仍然不忘记读书，不忘记思考，他正视自己的疾病，并积极配合医生进行治疗。

经过疾病的折磨，罗斯福变得比过去更加坚毅、老练了。

罗斯福用自己的实际行动诠释着自己在首次就职演说中提出的"无所畏惧"的战斗口号："我们唯一值得恐惧的就是恐惧本身。"他不怕失败，勇于尝试，勇于创新，有魄力，有远见，最后终于把美国引上了一条新的发展道路。

一个拳击运动员说："当你的左眼被打伤时，右眼还得睁得大大的，才能够看清敌人，才能够有机会还手。如果右眼同时闭上，那么不但右眼也要挨拳，恐怕连性命都难保！"

大哲学家尼采说："受苦的人，没有悲观的权利。"因为受苦的人必须克服困境，悲伤和哭泣只能加重伤痛，所以不但不能悲观，而且要比别人更积极。

2008年5月，中国，四川，汶川，一个普普通通的男人陈坚，在被三块预制板压了七十多个小时后，还谈笑风生地和记者“摆龙门阵”，精神非常好。

他告诉记者，最难坚持的是第一天和第二天，那时候他认为自己坚持不住了，但是想到妻子和孩子，他还是挺过来了。

他同记者聊自己的妻子，也聊自己的孩子，但是他说不知道自己的孩子多大了，因为他一直在外头打工……他说自己大难不死，必有后福。他对着镜头告诉所有的人，坚持就是胜利！

大家都认为他肯定能够活下来，因为他的精神状态很好，话也很多。晚上，他终于被救了出来。但是，在医院里，他最后还是没有挺过去……

虽然这个男人最终还是离开了，但是他在生命最后时刻的乐观和坚持，带给人们更多的乐观和感动。

面对伤痛，当我们能一笑而过时，我们也就战胜了自己的内心。当我们能笑对人生苦难时，也就意味着自己总会有希望获得幸福。不可抗拒的困难有很多，但是，如果我们带着那颗坚强乐观的心，人生就会变得格外美好。

悲观和乐观，只在一念之间，然而，通过这一念之间看到的世界，却有着天壤之别。如果你选择乐观，那么快乐就会围绕在你的身边；如果你的眼里只看见烦恼，那么烦恼就会越来越多，直至最后让你窒息。

生活中的很多事情，都存在着相互对立的两面，如果我们经常看到它好的一面，凡事往好处想，朝着乐观的方向走，希望、幸福和快乐将会变得无穷无尽。

决定快乐的不是环境，而是心境。很多事情，换个角度，换个心情，结果就会完全不同。

成功人士的最重要的标志，就是他思考问题的方法。一个人如果是个乐观的人，凡事总是向积极的方面考虑，那么，他首先就已经成功了一半。

自尊性格，不能缺失的人格尊严

“尊重”一词本身就有“意识到价值”的意思，自我尊重，就是承认自己的价值和尊严。自我尊重是通向成功和幸福的必经之路，每个人都应当无条件地热爱自己，因为你就是你，是世上独一无二的。

在现实生活中，常看到这样的人，他们常因自己生活中扮演角色的卑微而否定自己的智慧，因被人歧视而消沉，因不被人赏识而苦恼。其实，只要自己看得起自己，就没有人对你不尊重。

造物主常常把高贵的灵魂赋予卑贱的肉体。在最黑的土地上生长着最娇艳的花朵，那些最伟岸挺拔的树总是在最陡峭的岩石中扎根，昂首向天。

一位黑人父亲带着他的儿子去参观凡·高的故居，儿子看到了凡·高的小木床和裂了口的皮鞋。

儿子问父亲：“爸爸，难道凡·高不是一位百万富翁吗？”

父亲说：“儿子，凡·高是位穷人，他连妻子都娶不上。”

后来，这位黑人父亲又带着儿子去了丹麦。他们去参观安徒生的故居时，发现眼前不过是一栋破旧的阁楼。

儿子十分困惑，他问父亲：“爸爸，安徒生不是生活在皇宫里吗？怎么他的故居却是这栋阁楼呢？”

父亲说：“安徒生的父亲是一位鞋匠，他就生活在这里。”

这位黑人父亲是一名水手，他总是往来于大西洋的各个港口，而他的儿子名叫伊东布拉格，是世界上第一位获普利策奖的黑人记者。

几十年过去了，每当回忆起童年，伊东布拉格就会说："那个时候，我们家里非常穷，父母都靠出卖苦力为生。有相当长的一段时间，我都认为像我们这样地位卑微的黑人是根本不可能有什么出息的。可是自从父亲带着我去了凡·高和安徒生的故居，我才认识到黑人本身并不卑微，通过凡·高和安徒生的经历，我才认识到：上帝没有轻看黑人。"

造化有时会把它的宠儿放在普通人中间，让他们从事卑微的职业，使他们远离金钱、权力和荣誉，可是在某个有意义、有价值的领域中却让他们脱颖而出。

德国哲学家谢林说过："一个人如果能意识到自己是什么样的人，那么，很快他就会知道自己应该成为什么样的人。首先让他在思想上觉得自己很重要，那么，他很快就会在现实生活中觉得自己很重要。"

自己尊重自己，才能远离所有卑贱的言行和思想，只有如此，在遇到形形色色的侮辱和不得体、有伤颜面的场景时，你才能挺起胸膛，傲视他们。

松下幸之助在给员工做培训时，曾说过这样的话："不怕别人看不起你，就怕自己没有志气。人须自重，尔后才能为他人所重。应该让人在你的行为中看到你堂堂正正的人格。"自重并不仅仅表现在不自卑上，更在于不要让自己的行为表现丧失了自己的人格。

一位名叫孙天帅的小伙子在一家外商公司打工。一天，一位中国女工因疲劳过度而在工作时打了个盹，正好被公司老板看到了，为惩罚这名"违规"女工的行为，来自韩国的公司老板居然大发雷霆，还要求正在生产线上拼命干活的全体中国员工集合起来，命他们举起双手做投降状，还命他们就地跪下，并扬言说如果胆敢有一人不从，就惩罚所有人"永远跪着上班"。许多员工在极不情愿中淌着泪水跪下了……但是打工仔孙天帅却始终昂首挺胸地站在原地。

"给我跪下！"老板凶狠地咆哮着。

"请问，我为什么要跪下？"孙天帅不卑不亢地说。

"不跪就马上滚蛋！"

“我是堂堂正正的中国人，就是死，也不会在洋老板面前下跪！”孙天帅说完就大步走出工作间，并且永远离开了那里。从此，这位“不跪的中国人”，成了打工族们争相传颂的英雄，他也被亿万中国人所称道。

就这件事本身而言，除了民族情绪的作用外，还有一些更为本质的东西，那就是做人的尊严。孙天帅之所以被人颂扬，不仅仅是因为他捍卫了中国人的尊严，同时还因为他捍卫了自己做人的尊严。

尊严是人最基本的道理底线，尊重自己，是做人应该具备的一种非常重要的和最基本的品德。这种品德会使你深刻地认识自己，感觉到自己的价值和力量。尊重别人是一种礼貌，尊重自己是一种高贵，任何时候都不要失去自己的尊严。

自重才能人重，如果一个人自己都不尊重自己，又怎么能指望别人给你尊重呢？你轻视了自己，别人自然不会把你看得高贵，拒绝你、侮辱你也是自然的事情了。你不能在看不起自己的时候，对别人说：你们应该看重我。即使这样做了，结果也会让你失望，因为对自己的尊重和别人对你的尊重是一致的，它们建立在同一个原则上。

独立性格，让你拥有真实的高度

人要立足于社会，首先要学会自立。自立是打开成功之门的钥匙，也是力量的源泉。要想成大事，就应首先抛开身边的“拐杖”而独立自主。

易卜生曾经说过：“世界上最坚强的人就是独立的人。”自立的个人才会有所作为，自立的国家才会不受欺负。陶行知先生也说过：“滴自己的汗，吃自己的饭，靠人靠天靠祖上，不算好汉。”这些都告诉我们，做人就要做自立的人。

小鸟的翅膀刚刚长成，刚学会飞行的时候，就会被它们的父母赶出“家门”。当小鸟眷恋温暖的窝巢，不愿离去时，父母会完全不顾亲情，直到把小鸟赶走才肯罢休。正是这种“不近情理”的狠心，使小鸟摆脱了依赖，自己掌握了生存的本领，让它们在“物竞天择”的环境中拥有自己的“一席之地”。

独立的境界是美妙的，独立的个性却是需要我们自己去学习和培养的。独立地面对社会、面对自然、面对自己、面对生活，一旦你不再需要别人的援助，自强自立起来，你就踏上了成功之路。一旦你抛弃了所有外来的帮助，你就会发挥出过去从未意识到的力量。

法国著名小说家、戏剧家小仲马在初学写作时，每次寄出的稿子都被出版社“枪毙”了，其父大仲马得知后，对他说：“如果你能在寄稿的时候，顺便也给编辑先生附上一封短信，哪怕只有很短的一句话，就说‘我是大仲马的儿子’，或许情况就会有所改观了。”

小仲马固执地说：“不，爸爸，我不想站在您的肩上去摘苹果，摘来的苹果于我而言毫无味道。”年轻的小仲马不但拒绝了以父亲的盛名来做自己事业的敲门砖,而且还不露声色地给自己取了很多个其他姓氏的笔名,免得那些编辑先生们把他同大名鼎鼎的父亲联系起来。

面对一张张冷酷无情的退稿信,小仲马并未沮丧,他依然坚持创作。他的长篇小说《茶花女》寄出后,终于有一位资深编辑被他绝妙的构思和精彩的文笔震撼了。而这位资深编辑也一度和大仲马有过多年的书信往来。当他看到寄稿人的地址同大作家大仲马一模一样时,开始怀疑这是大仲马另取的笔名。可是,他不敢断定,因为作品的风格同大仲马以往的作品迥然不同。为了解答这个疑问,他迫不及待地乘车去造访大仲马。

令这个资深编辑大吃一惊的是,《茶花女》这部伟大作品的作者,居然是大仲马的儿子小仲马。“您为什么不在稿子上署上您的真实姓名呢?”资深编辑疑惑地问。小仲马说:“因为我只想拥有真实的高度。”

真实的高度依靠的是自身的努力,父母的成就再高再大,都始终是他们的。你自己最终能达到的高度,还是要看自身的努力。

保持独立生活的习惯,这种习惯会在成功的路上助你一臂之力。要想成大事,就应首先抛开身边的“拐杖”而独立自主。只有抛弃身边的每一根拐杖,破釜沉舟,依靠自己,才能赢得最后的胜利。一旦你不再依赖别人的援助,自强自立起来,你就踏上了成功之路。一旦你抛弃对外来帮助的依赖,你就会挥发出过去从未意识到的力量。

德国诗人歌德说:“谁若不能主宰自己,谁就永远是一个奴隶。”是的,独立自主的人格是克服依赖心理的重要保证。

美国前总统约翰·肯尼迪很小的时候,跟父亲出去游玩,马车行至一个拐弯处时,由于速度太快,使得小肯尼迪被甩了出去。当马车停住时,小肯尼迪以为父亲会下来把他扶起来。但是却看到父亲悠闲地坐在车上。

小肯尼迪叫道:“爸爸快来扶我!”

“摔疼了?”

“是的,我感觉已经站不起来了。”小肯尼迪带着哭腔说。

“那也要坚持站起来，重新爬上马车。”

无奈之下，小肯尼迪只好挣扎着自己站了起来，摇摇晃晃地、艰难地爬上马车。

父亲问：“知道为什么让你这么做吗？”

小肯尼迪摇摇头。

父亲说：“人生就是这样，跌倒，爬起来，奔跑；再跌倒，再爬起来，再奔跑。在任何时候都要靠自己，不要想着依靠别人去扶你。”

多年以后，约翰·肯尼迪当上了美国的总统。在一次与朋友聊天的时候，约翰·肯尼迪说，自己之所以会有今天的成就，与父亲教给他的那些人生的法宝是分不开的，那法宝就是自立。

当然了，并不是说只要培养自立的品质，就一定能培养出伟人，但是事实表明，大多数卓有成就的人往往都具备自立这一品质。也许你不想成为伟人，也许你不想取得多么令人瞩目的成就，但只要你想实现自己的人生价值，你就同样不可丢弃自立的品质。生活也好，工作也罢，都要能够坚持自己的信仰，保持自我真性情。

做人要独立，只有如此，才能思想自由，不断探索，善于思考，富有创造性，且能埋头钻研，上下求索，成就一番事业。

自强性格，让你做自己命运的主人

自强，就是在苦难和不公平面前，保持自己内心的坚强。命运之神并不是公平的，它会给很多无辜的人带来不幸；命运之神又是公正的，它在带来不幸的同时，还给这些不幸的人带来了一颗坚强的心，带给了他们一种自强不息的性格。让这些自强不息的人，能够勇敢地从命运之神的手中把自己的命运夺回，做自己命运的主人。

全国政协委员的张海迪，作为一个残疾人，她曾经与其他全国政协委员共同提出过一个议案，建议将“全国助残日”更名为“全国残疾人自强日”。她说：“残疾人是社会中的弱势群体，需要人们的关爱和帮助；但是残疾人也应当在社会中发挥自己所有的能力去奉献，而不是一味地接受帮助。”

“自强日”这个提法能够激励残疾朋友们自立自强，珍惜生命。“自强日”让残疾人感到他们不是在得到别人的帮助和怜悯，而是他们也有自己自身的价值，让他们感觉受到尊重，拥有尊严。

2008年8月，第29届北京奥运会震撼和轰动了全世界，让参赛的每一个国家、每一位运动员都赞叹不止。然而，更能震撼人心、感动人心的却是接下来的残奥会。虽然那些残疾人运动员取得的成绩并不太好，他们某些动作不是很优美、很协调。但是，他们那种与苦难抗争、自强不息的精神，给任何一个健全的人都带来一次强烈的心灵震撼。

残疾人尚且追求自强，健全的人更应该选择做自强的人。相比之下，正常人面临的困难要小一些，当然了，也许大家也会遭遇其他方面的困境，无论是身体本身遭遇的挫折，还是来自精神世界的压力，无论是生活状态的不如意还是自身事业的不得志，这些情况都可能缠绕着我们，但是这些都不足以畏惧。其实，苦难和挫折都是上天考验我们的一种方式。所以面对挫折，不要惊慌，也不必难过，只要心中具有不怕输的勇气，对自己说："我能行！"那么，你就一定能够站起来笑到最后，你也将笑得最美。

伟大的意志力造就伟大的人物，人生中的挫折也好，磨难也罢，只要你选择坚强，它们顶多伤害你的肉体。

没有什么不可能，只要努力，谁都能实现自己的理想。很多时候，我们缺乏的不是自身天生不如别人能力，而是一种坚定的信念，一种不畏任何阻挠和压力而直冲云霄的姿态，一种不卑不亢将壮志牢牢扎进信念的底气。所以，如果你的人生遭遇了挫折或厄运，不妨让自己选择坚强，如此一来，任何苦难都阻挡不了你自我实现的进程。

自信性格，让成功之路畅通无阻

自信是人对自身力量的一种确信，是相信自己能行的坚定的信念。自信是深信自己一定能做成某件事，对自己有足够的信心。自信是成功的必要条件，是成功的源泉。自信无论在人际交往上、事业上还是在工作上都至关重要。

英语中对自信的解释是：Believe that one is right on something or that one is able to do something. 只要你在某件事情上认为自己是对的，或者认为自己能做某件事，你就可以拥有自信。

自信，是追求卓越人生的旅途中永不屈服的支柱，惟有自信，才能引爆生命中的潜质；惟有自信，才能战胜生命旅程中的苦难和挫折；惟有自信，才能不断超越自我，永葆生命的青春；惟有自信，才能抓住生命中不期而至的机遇。

19世纪的英国诗人济慈一生贫困，饱受文艺批评家抨击，且恋爱失败，身染痨病，26岁即去世。虽然济慈一生潦倒不堪，却不甘于环境的支配。他在少年时代就自信自己要成为诗人。他说："我想，我死后可以跻身于英国诗人之列。"济慈一生致力于这个最大的目标，使他最终成为一位名垂不朽的诗人。

自信是一种心态，自己能做的事，就相信自己，不惧人言，不拘泥于前人之法，勇敢地将自己的能力体现出来。自己不能做的事，坦然处之，不会觉得自己不能做就低人一等，更不会影响自信心。

前世界拳击冠军乔·弗列勒每战必胜的秘诀是:参加比赛的前一天,总要在天花板上贴上自己的座右铭——我能胜!

要成为自信者,就要像自信者一样去行动。自信的表情、自信的手势、自信的言语都能在我们心中培养起自信的信念。

自信并不是天生就有的,也不是不可改变的,有时候,看起来很自信的人也会不自信起来,而有些本来不自信的人,也会让自己变得自信起来。我们来看一个关于奥修的寓言故事:

有一天,绝顶聪明的纳斯鲁丁跑来找奥修,非常激动地说:“快来帮帮我!”奥修问:“发生了什么事?”纳斯鲁丁说:“我感觉糟糕透了,我突然变得不自信了,天啊!我该怎么办?”奥修说:“你一直是很自信的人呀,发生了什么事让你如此不自信呢?”纳斯鲁丁非常沮丧地说:“我发现每个人都像我一样好!”

看起来非常自信的人也可能实际上非常不自信,如果真是这样,自信满满的人可能正是那些不太自信的人,处处谦虚忍让的人有可能正是内心充满自信的人。

那么,如何建立自信呢,且看心理学家给我们的几点建议:

1. 发现自己的长处,并尽力发挥出来

不同的人在不同的环境里,优点显露的机会并不均等。在评价自己的时候,可以采用场景变换的方法,寻找“立体的我”,我们会意外地发现,自己原来有很多优点与长处。

2. 相信自己行,才能大胆尝试,接受挑战

在回忆过去成功的经历中体验信心。同时,从自己的优势出发,力争把每件事情都做成功,这样,就可以从中受到更多的鼓舞。在做事的过程中,有时会出现失败和错误。这时候,可以用爱迪生所说的“没有失败,只有离成功更近一点儿”的观点来激励自己,这样,就能够把前进过程中的问题、困难乃至失败,看得淡一点儿,在困难和挫折面前从容应对,把注意力集中到完成任务上。

3. 知道应该做的事，然后加以实行

没有必要非做伟大、不平凡的行动不可，只要是自己能力所及的事就足够了。不要想着一步登天，知道应该做的事，知道能做的事，并立即去行动就可以了。

4. 走路的速度加快 25%

身体的动作是心灵活动的结果。许多心理学家将懒散的姿势、缓慢的步伐跟对自己、对工作以及对别人的不愉快感受联系在一起。仔细观察那些遭受打击、被排斥的人，走路都拖拖拉拉，完全没有自信心。还有一种人，则是表现出超凡的信心。他们走起路来比一般人快，像跑。他们用他们的步伐告诉其他的人："我要到一个重要的地方，去做很重要的事情，更重要的是，我会在 15 分钟内成功。"所以，心理学家建议：借着改变姿势与速度，改变心理状态。把你走路的速度加快 25%，你会发现，你的自信心也会随之增加。

人生下来就应该自信，自信的权利是谁也无法剥夺的，只要坚信自己能行，就会获得成功。你自信能够成功，成功的可能性就大为增加。但如果你心里认定会失败，就永远不会成功。

自信是与积极密切相关的事情，自信本身就是一种积极性，自信就是在自我评价上的积极态度。自信是发自内心的自我肯定与相信。自己相信自己，别人就会相信你。

坚韧性格，生命不会因挫折而失色

没有一个人的成功是一蹴而就的，没有谁可以一步登天。所有的成功都是经历了一连串的失败之后才到来的。

生活中，每个人都会碰到困难和挫折，甚至还会遭遇致命的打击。这时，一个人的性格因素，将会在很大程度上决定他的人生成败。

在逆境和挫折在前，一个人坚韧刚强的个性，会表现得尤为突出。拥有坚韧性格的人，在挫折面前不退缩，在失败面前不气馁。即使面对命运给予自己的不公平的灾难，拥有坚韧性格的人，也能够勇敢地去面对。美国杰出的小说家、诺贝尔文学奖获得者海明威，就是具有这样坚韧性格的人。

1899 年 7 月，海明威出生于美国伊利诺伊州芝加哥市郊的一个小镇，他的父亲是当地的一位颇有名气的外科医生，闲暇之余，他经常带着小海明威去钓鱼或打猎。他的母亲出生于一个家教甚严的家庭，她力图将海明威培养成为一名音乐家，但是对于海明威而言，大自然显然要比那些音符更具有吸引力。

海明威 14 岁走进拳击场，即使被打得满脸鲜血，他也不肯倒下；19 岁时，他走上战场，在车队当司机，在执行任务的过程中，他的头部、胸部、上肢、下肢都被炸成重伤，身上中的炮弹片和机枪弹头多达 230 余处，一共做了 13 次手术，有些弹片始终没有取出来，至死都留在体内。

1936 年，西班牙内战爆发，第二年年初，38 岁的他以北美报业联盟记者的身份赴西班牙采访，并拿起武器参加了战斗。1939 年，完成了他最优秀的长篇小说《丧钟为谁而鸣》。

1944年,他随美军在法国北部诺曼底登陆,因获取大量情报,他获得一枚铜质勋章。

两次世界大战,常年的冒险生涯,多次发生的事故,严重损害了他的健康,也耗费了他大量精力。1954年,海明威夫妇应邀去非洲采访时,海明威竟两次遇到飞机失事,头部再次受重伤。

遇到那么多事故,遭受那么多创伤和不幸,海明威却从来没有停止过他的奋斗和冒险,在困难面前不低头,不退缩,自强不息,与命运展开斗争,是海明威个性中最有价值的东西。

海明威的作品《老人与海》中的老人,是激励过无数人的不言败的“硬汉”形象。其实,不止这一个,在他的作品中,他塑造了一系列“硬汉子”,这种精神,也正是海明威所追求的永恒的东西,这就是人的坚毅品格、顽强精神。同时,这些也是他自己精神的写照。

海明威就是这样一个人,多块弹头弹片没能让他倒下;无数的退稿、无数的失败,也无法把他击垮;两次飞机失事,他都能从大火中站起来。最后,因为不愿意自己成为无能的弱者,他用枪结束了自己的生命。

居里夫人说:“人要有毅力,否则将一事无成。”法国生物学家巴斯德说:“告诉你使我达到目标的奥秘吧,我唯一的力量就是我的坚持精神。”

我们的心是世界上最坚韧的东西,痛苦和磨难可以摧垮一个人的身体,却摧不垮心灵,只要心灵不垮,我们总会完好地站起来。

2008年5月12日,在那场突如其来的灾难中,一直渴望成长为舞蹈家的李月失去了左腿。然而一百多天后,这位有着舞蹈梦想的11岁的小女孩竟然出现在残奥会开幕式的舞台上,当她重新拾及自己的芭蕾梦想时,她轻轻跃进了全世界观众的心中。

5月15日,汶川地震后的第三天,李月躺在废墟中。由于左腿被坍塌物死死卡住,随时都可能有生命危险,救援人员无奈之下现场截去了李月的左腿。随后,在送往医院的急救车上,李月又几度昏厥。不过,顽强的她硬是挺过了生命最危难的时刻。在医院，她对亲人说的第一句话是："我身边的同学都不在了，但是我一直想着跳舞，就坚持了下来。"

失去了左腿，以后还能继续跳芭蕾吗？李月经常在病床上失声痛哭，11岁的她不忍就此失去舞蹈梦想。而就在此时，一直关注李月的著名独臂舞蹈家马丽专程从北京赶到绵阳告诉李月："残缺的肢体一样可以演绎完美的艺术。"

李月牢牢记住了这句话，渐渐走出了灾难阴影。她乐观地对关心她的人们说："虽然地震夺去我的左腿，但是我永远不放弃芭蕾梦想。"

2008年9月6日的夜晚，成了李月圆梦的时刻。她坐在轮椅上，穿着粉色的芭蕾裙。当光柱投射到她身上时，她缓缓张开双臂，一双清澈的眼睛里流露出无限憧憬与陶醉。她用手臂代替足尖，轻点节奏、曼妙而舞。当"芭蕾王子"吕萌将她从轮椅上托起，举过肩头时，她蹬直了右脚。此时，人们看到一只红舞鞋顽强地"站立"在空中，这一刻，全世界为之动容。

从失去左腿到重新起舞，李月用她坚韧的性格为世人勾勒出一个梦想的美丽。这位坚强的小女孩，在她圆梦的同时，向世界传递着对梦想的追求和坚持。

我们不是李月，我们难以体会她失去一条腿的痛苦，但是我们能够体会到她追求梦想的执著和坚定，能够体会到她面对苦难的顽强，能够体会到她风雨不折腰的坚韧……其实，每个人的内心都隐藏着巨大的能量，无论是孩子还是成人。如果能够将这巨大的能量发挥出来，就一定能够成为一个出色的人。人生之光荣，不在于永不失败，而在于始终能够坚定自己的信念。这种信念，使人在任何条件下都不会放弃自己。

谦虚性格,给你包容万物的胸怀

谦虚指不自满,愿意接受批评,并虚心向人请教。说话、办事时看到别人的长处和自己的不足,以求教的口吻说话,以学生和下级的心态办事,是对自己高标准的要求。谦虚是一种美德,是进取和成功的必要前提。

"任何时候也不要以为自己什么都懂,不管别人怎么称赞你,你时时刻刻都要有勇气对自己说:'我是门外汉'。"这是俄国生物学家巴甫洛夫的话,被许多人奉为座右铭。

大海把自己放得很低,才能吸收来自四面八方的水。人把自己的位置放低,才能更多地接受别人的东西。要想达到最高处,必须从最低处开始。

有一位年轻人,内心始终充满了对生活的不满和抱怨,直到一个夏天,他与好友一起去见了好友的父亲,才使他的内心豁然开朗。

好友的父亲是一个老渔民。年轻人与好友一起去海边探望他时,看着老人从容悠然地在海边打鱼,年轻人忽然想问老人一些问题:

"您给自己规定每天要打多少鱼呢?"年轻人问。

好友的父亲说:"孩子,打多少鱼对于我来说已经不重要了。"

年轻人若有所思地看着大海的远处,很想知道老人是怎么看待大海的,就感叹道:"大海真伟大!"

"你认为大海为什么那么伟大呢?"老人问。

年轻人欲言又止,因为他不敢贸然做答。

"海的伟大在于它容纳百川,而它之所以能够容纳百川,关键是在于它的位置最低。”

是啊，大海之所以能够容纳百川，是因为它把自己的位置放在最低。人又何尝不是如此呢？你把自己的位置放低了，就能吸收更多的经验和知识；把自己的位置放低了，以后的每一步都会向高处走，那样，生活不就少了许多烦恼，多了更多快乐吗？所以，请保持低调吧！一个低调而谦逊的人，不会把自己看得太重、捧得太高，因此这样的人也不会被摔得太重。

古往今来的无数事例表明，通常那些有真才实学的人往往虚怀若谷，谦虚谨慎，他们也因此变得更有知识和才能；而不学无术的人却常常骄傲自大、自以为是，他们因此也就失去了很多获取知识和经验的机会。

梅兰芳不仅在京剧艺术上有很深的造诣，而且还有一双丹青妙手。他曾拜名画家齐白石为师，虚心求教，总是执弟子之礼，并常常为齐白石磨墨铺纸，丝毫没有著名演员的架子。

梅兰芳不仅拜画家为师，而且拜普通人为师。

有一次在演出京剧《杀惜》时，他从众多的叫好声中听到一位老人说“不好”。演出结束后，梅兰芳来不及卸装更衣，便赶忙找来那位老人请教。他恭恭敬敬地对老人说：“说我不好的人，是我的老师。先生您说我不好，想必有高见，还望先生赐教，学生决心亡羊补牢。”

老人说：“按梨园规定，阎惜姣上楼和下楼的台步，应是上七下八，可是先生您为何八上八下？”

梅兰芳一听，连声称谢。从此以后梅兰芳经常请这位老先生看他演戏，并请他指正，称他为“老师”。

谦虚的人往往能得到别人的信赖，对于年轻人来说，谦虚更是不可缺少的品质。因为谦虚，别人才不会认为你会对他构成威胁，他才会与你结交，与你建立良好的关系。

比尔·盖茨是当今世界上最成功的人之一。在人们的记忆中，世界上还没有哪个人如此年轻就凭自己的能力获得如此巨额的财富。

比尔·盖茨说过，他的梦想是“让每个家庭、每张办公桌上都有一台电脑”。如今,他的这个梦想几乎成为现实。电脑最终将成为人类生活中无处不在的朋友。

然而,这位处于鼎盛时期的超级成功者并没有因此而骄傲自满,他也有烦恼和忧虑。他曾经这样对记者说:“我害怕失败。实际上,我每天来到办公室时,总要问自己:我是否在努力?我们的产品是否真的很好?还能不能进一步改进?”

谦虚是人性中的美德,是一种积极有力的个性,如果妥善运用,能够使人在精神上、文化上或物质上不断地提升与进步。

热情性格，给你积极向上的神力

历史上任何伟大的成就都可被称为热情的胜利。没有热情，不可能成就任何伟业。无论多么恐惧、多么艰难的挑战，热情都会赋予它新的含义。

热情是一种素质，是一种性格。一个人只要强烈地朝着一个目标坚持不懈地追求，他就能取得成功。伟大的热情能战胜一切，一个人，当他有无限热情时，就可以成就任何事情。

热情是发自内心的兴奋，从一定程度上来说，热情控制着人的思维和情感。热情能唤起内心深处神奇的力量，让人散发出一种炽热的光辉，那就是吸引人和感染人的魅力。

热情的人会很自然地把他内心的感情表现出来，一个充满热情的人，他的志向、兴趣、为人和性情都能从他的走姿、眼神和活力中表现出来。

一次，有三个人做游戏，要在纸片上把他们曾经见过的印象最好的朋友名字写下来，并解释为什么选这个人。

结果写好后，第一个人解释说："每次他走进房间，给人的感觉都是容光焕发的，好像生活又焕然一新了一样。他热忱活泼，乐观开朗，总是非常振奋人心。"

第二个人也说明了他的理由："他不管在什么场合，做什么事情，都是尽其所能、全力以赴。他的热忱鼓动了每一个人。"

第三个人说："他对一切事情都尽心尽力，所付出的热忱无人能比。"

这三个人都是英国著名刊物的通讯记者，他们见多识广，足迹遍布世界的各个角落，结交了各种各样的朋友。当三人都亮出纸片上的名字，他们惊异地发现原来三个人写的是同一个名字——澳大利亚墨尔本市一位著名的律师，这位律师正是以热忱而闻名于世。

热情能产生这样一种神奇的力量，只要你拥有它，即使你有一些不足，别人也会忽略或体谅。

热情不是一个空洞的词，它是一种巨大的力量。热情是人生主要的推动力，也是一个普通人想要生活好、工作好的最关键的心态。也许你经常用“我是一个普通人”的借口来原谅自己没有什么成就，假如你有这样的想法，你就要注意了，你这样的心态，说明你在还没有努力之前就已经失败了。

确实，你是普通人，我们大多数人都是普通人。但许多做出成就的人，他们也是普通人，不同的是，他们虽然也承认自己的普通，但他们不会因为自己的普通而放弃努力，他们愿意为了自己的目标，一直坚持不懈地追求下去。

卡耐基的办公室和家里都挂着一块牌匾，牌匾上写着这样的文字：你有信仰就年轻，疑惑就年老；你自信就年轻，畏惧就年老；你有希望就年轻，绝望就年老；岁月使你皮肤起皱，但是失去快乐和热情就损伤了灵魂。

麦克阿瑟将军在南太平洋指挥盟军的时候，办公室里也挂着一块牌匾，牌匾上写着同卡耐基一样的座右铭。

每一位成功人士的身上都有一个明确的特点，那就是对人、对事、对生活、对事业都充满了热情，就如同富有魅力的演员热爱舞台和观众，极具领导风范的企业家热爱他的企业和员工……可以这样说，热情是促使他们成功的动力，而如果没有了热情，他们的事业也就成了镜中花、水中月。

心理学家告诫人们，生活中需要热情，快乐更是由热情点燃的。当你为了一件事而全身心投入的时候，不管最后取得的结果是否让你满意，曾经付出的专注的热情都会持久地温暖你的心。

热情不仅能使一个有目标的人走向成功，还可以影响到人的情绪。对事保持热情心态的人，做事的品质总会比别人好，行动力也比别人强。只要对人保持热情，别人就会喜欢你。当你对别人感兴趣的时候，别人也会对你感兴趣。你的热情会使人们把谈论的中心转移到他们最感兴趣的事情上，别人会因此觉得和你在一起很快乐。

热情能够帮助你在较少时间内完成更多的事，帮助你做出更好的决定，它能使你显得更富有魅力。在热情的推动下，你会觉得你的日子飞一般流逝，你的成就也来得尤为迅速。有了热情，无论你处于什么样的环境，都可能有所作为。

"有热情一切都会有"，你一定要热情，否则，再有才华也会一事无成。不论你有多大的才干，有多少知识，如果缺乏热情，那就等于是纸上谈兵，没有人愿意整天跟一个提不起精神的人打交道。

热情的心态可以弥补精力的不足，发展坚强的个性。只要你确立的目标是合理的，并且努力去做一个热情积极的人，那么你做任何事都会有所收获。热情的性格让一个人随时随地都充满着乐观和向上的激情，热情可以让一个人的生活总是阳光灿烂。

性格缺陷是造成人生悲剧的恶魔

克服自卑性格,迈向成功人生

自卑像受了潮的火柴,无论怎么摩擦,都很难点燃。有自卑性格的人,常常感到孤独、压抑,他们经常封闭自己的情感。自卑的人往往自惭形秽,怀疑自己的知识水平和工作能力。犹犹豫豫、缩手缩脚、缺乏勇气,都是自卑的表现,自卑严重地束缚了自身内在潜能的发挥。自卑是成功路上的绊脚石,它会吞噬一个人积极向上的决心和信心。一个人如果让自卑感贯穿了一生,那他就只能收获失败和悲哀。

戴尔·卡耐基在谈到人际交往时曾经提到:“过分自卑、缺乏自信心的人,处理人际关系谨小慎微、过于敏感的人,处理他人批评过分的人以及完成工作任务后过分自夸的人,都会影响与人的交往。”

但是,自卑也并非不可以摆脱,每个人都有或多或少的与生俱来的自卑感,大多数成功者并不是从来没有自卑过,而是他们能够从自卑中走出来,摆脱自卑和恐惧感,从而走向成功。

获得诺贝尔化学奖的法国科学家维克多·格林尼亚就是从自卑到自

信，并最终走向成功的。

格林尼亚出身巨富，从小衣食无忧，别人对他也毕恭毕敬，由于他从来没有为什么事发过愁，所以在他看来，一切事情都是那么简单，没有什么事情是他无法做到的。直到有一次，他遭遇了打击，从此，他的性格开始发生了变化，他的人生也因此转变了方向。

那是在一次宴会上，他对一位从巴黎来的优雅的女伯爵一见倾心，于是便热情地走上前去搭讪，不料却遭到了女伯爵的拒绝："请离我远点，我讨厌被花花公子挡住视线！"

格林尼亚顿时懵了，他没有想到原来自己的奢华与英俊居然也会如此被人所不齿，他从来没有像那一刻那样感觉自己如此渺小甚至卑微。从此，他变得自卑起来。同时，他为自己的富裕家庭而感到耻辱。于是，他只身来到里昂，在那里隐姓埋名，走上了求学之路。

在里昂大学学习期间，由于自卑心理，他不参加任何社交活动，整天在图书馆和实验室里苦读。当然，此时的自卑已转化为他上进的动力。他没有因为自卑而逃避一切，而是通过努力弥补自己的不足。终于，他的刻苦精神引起了有机化学权威菲得普·巴尔教授的注意，在名师的指引和自己的努力下，他发明了"格式试剂"，并且最终被瑞典皇家科学院授予1912年度诺贝尔奖。

自卑分为两种情况：一种是暂时性丧失信心，一种是与生俱来的自卑感。无论哪一种自卑，都是能够摆脱的，只要你找到一种适合自己的方法。摆脱自卑性格，就是抛弃丧失信心的自我，回到自信的轨道上来。现实社会中，许多成功者都是在克服了自己的自卑心理后走向成功的。怎样才能克服自卑心理呢，以下两点应该对我们有所帮助：

1. 正确地认识自我

首先要对自己有一个正确的认识，尝试着把自己的价值写在一张纸上，对自己进行客观的分析，你会发现原来自己很有能力，你有着很多别人没有的优势。

尺有所短，寸有所长，每个人都有自己的短处，也都有自己的长处。对自己存在的问题，必须寻求正面解决的办法。如果你怕在大庭广众之下讲话，就一定要找机会在大众前多讲话；如果你想跟别人提什么要求，就要毫不迟疑地提出来，无论结果如何，能够说出来，你就迈出了摆脱自卑的第一步。

要敢于承认自身的短处和劣势，一个人并非在每个方面都能出类拔萃，在此基础上找出自己的长处与优势、让自己最满意的事情、最引以为荣的优点和令人瞩目的成绩，反复地刺激和暗示自己"我还可以"、"我能行"。美国著名心理学家麦克斯威尔说："人的所有行为、感情和举止，甚至才能，与其自我意象都是一致的。"将"我还可以"、"我能行"的心理暗示，不断地渗透到自己人生的各个方面，就能撞击出生命的火花。

2. 立即行动

无论做什么事情，心动不如行动。从克服眼前的第一重困难、做好手头的第一件事情开始，行动起来，你就会逐步建立起自信。每战胜一种困难，每提高一点能力，每完成好一项工作，都能让你感受到一分成功的喜悦。已经完成的目标，不仅能给你带来物质上的报偿，还可以让你获得社会的肯定，从而会让你信心大增。

只有这样，才能不断地突破自卑的羁绊，才能使自己的信心不断递增，从而创造卓越的人生。

多疑性格，害人害己

多疑是一种神经过敏、疑神疑鬼的消极心态。性格多疑的人经常怀疑别人，认为别人对自己的真诚都是虚假的，在他们眼里，整个世界都是罪恶的，他们往往没有真正的知心朋友，他们经常会感到孤独和寂寞。

多疑性格的人，往往带着固有的成见，通过“想象”把生活中发生的一些毫无关联的事情拼凑在一起，把别人无意的行为表现，误解为对自己怀有敌意，甚至把别人的善意曲解为恶意，以致与人产生隔阂。

曹操“挟天子以令诸侯”，取得了政治上的主动。他兴修水利、熟读兵法、爱惜人才、精通文学，是不可多得的人才。但是，他的生性多疑，也因此伤害了不少无辜的人，并为后人所鄙视。他的“宁可我负天下人，不可天下人负我”的话，确切地道出了他性格中多疑的一面。

当时，董卓弄权作乱，曹操用计谋企图刺杀董卓，不想被董卓发觉，最后被中牟县县令陈宫拿住。但是，曹操的一番言谈，让陈宫认为他是一位乱世英雄，从而毅然弃官不做，与曹操一同出逃。

他们逃到成皋地方时天色已晚，于是，借宿于曹操父亲的好友吕伯奢家。然而，吕伯奢一家杀猪置酒的盛情款待，却让生性多疑、心神不定的曹操误以为是要对自己下手，于是，不分青红皂白地把吕伯奢的家人全杀了。甚至，在半路上，已经知道自己错杀了人的曹操，对刚刚打酒归来的吕伯奢也不肯放过。从此，也就有了“宁可我负天下人，不可天下人负我”的“名言”。

性格多疑的人多有离群索居、自我封闭的倾向。这个时候，他们往往会极端排斥他人，也排斥了机会。多疑的人自己也并不轻松，他们常常会感到压抑，神经高度紧张。多疑的性格心态，如果不能得到及时纠正，时间长了，就会发展成为病态，也就是多疑症。

认识到了多疑的危害性，就要加强修养，果断地克服多疑，用高度的理智、宽阔的胸怀、友善的态度对待他人。“心底无私天地宽”，只要把心态放平了，把心放宽了，多站在别人的角度去想事情，就不会再为一些无关紧要的事情计较和猜疑了。

假设你在走廊里和一个熟人擦肩而过，你向他打了招呼，他却没有反应。也许你会因此耿耿于怀，认为对方讨厌你、看不起你。然而事实往往并非如此。很多时候，人们的一些语言行为往往是下意识的，并不是有意要针对你。你可以这样冷静地想一想，也许对方没理你是因为那时恰巧他脑子里在考虑什么事情，没有注意到你；或者太匆忙，发现你时已经走过了。

如果回过头来看看自己的行为就会发现，有时候，自己的一些行为也会在无意中对别人造成这样或那样的伤害，而自己却全然不知。

俗话说：“疑心生暗鬼。”多疑，是一种人际关系的腐蚀剂。英国哲学家培根说过：“猜疑之心犹如蝙蝠，它总是在黑暗中起飞。这种心情是乱人心智的。它能使人陷入迷惘，混淆敌友，从而破坏人的事业。”

在一家大公司市场部就职的小林，凭借自己的聪明才干，仅用了两个月的时间，就从销售员做到了市场经理，然而没多久，小林又一次辞职了。

小林愤愤地对朋友说：“当我的职位升到老总直接管辖的范围时，我就隐约觉得与老总之间的关系有些微妙。老总对我越来越不信任，时常给我穿‘小鞋’，更可气的是，老总最近特意为我招聘了一位助理，说是协助我管理市场，其实是派来监督我工作的。这是对我的不信任，是对我极大的侮辱！我实在忍无可忍了，我要辞职！”

才华横溢的小林无论在工作态度上还是在工作能力上，都是出类拔萃的，可是毕业五年的时间里，小林却频频跳槽。而跳槽的原因，多半是类似怀疑老板不信任自己,或是同事不喜欢自己这样的理由。

其实,真正的原因在于小林那颗敏感多疑的心,是他的多疑构成了他职业发展的障碍。

如果你也有多疑的心态,要学会自我调节,当你猜疑别人看不起你、在背后说你坏话、对你撒谎的时候,给自己一个心理暗示,在心里不断地反复默念"我和他是好朋友"、"他不会看不起我"、"他不会对我撒谎"、"猜疑别人是有害的"等。心理学家证明,从心理上厌恶猜疑,在观念和行动上也就会随着心理的变化而放弃它。

依赖性格，失去自我

很多人羡慕别人家庭背景优越，有一个有身份的父亲或者有地位的母亲，这样，“背靠大树好乘凉”，未来发展起来就会省去很多波折。不错，一个好的家境，的确能给子女一定的支持和帮助，能接受良好的教育，提供强大的资金支持来发展事业，更为他们提供无价的身份地位和人际关系……但是，如果自己没有伞，再强壮的大树也不可能永远为你遮风避雨。而且，如果因为有大树的庇护而形成依赖心理，自己却不再努力，那么，最终受害的还是自己。

心理学家分析，依赖心理是一种消极的心理状态，它影响一个人独立人格的完善，制约人的自主性和创造力。

有依赖型性格的人，如果没有他人大量的建议，对日常事情就不能做出决策，并且总是希望别人为自己做决定。他们在生活上愿意他人为自己承担责任，甚至从事什么职业都由别人决定。他们把所有的希望都放在别人身上，遇到困难时，总是想获得别人的帮助。有依赖型性格的人一般没有深刻而复杂的思维活动，亦没有远大的理想抱负和追求，他们满足于得过且过的生活现状，最终也只会落个一事无成的境地。

有依赖型性格的人独立行动能力很差，很难单独实施自己的计划或做自己的事，他们喜欢将自己的需求依附于别人，过分顺从别人，一切听任别人决定。他们常常会有无助感，总感到自己无能、笨拙、缺乏精力。同时还有被遗弃感。当依赖无法继续或者亲密关系终结时，他们会有被毁灭和被遗弃的感觉。

依赖性格人人都有，也是可以克服和纠正的。

1. 破除习惯性依赖

依赖型人的依赖行为大多已经成为一种习惯，当依赖成为一种习惯时，对人心理的影响就会达到根深蒂固的地步。要想独立，必须首先破除这种不良习惯。

1993 年的“世界爱鸟日”，芬兰维多利亚国家公园放飞了一只在笼中关了 5 年的秃鹫。但是，令人意想不到的是，3 天后，这只秃鹫却饿死在公园附近的小山上。

秃鹫，原本是一种凶悍的大鸟，生存本领极强，常捕食小动物。饥饿异常的秃鹫甚至敢与虎豹争食，然而这只鸟中之王却死于饥饿。动物学家分析原因，最后得出结论：原来几年来，这只秃鹫已经过惯了公园里“饭来张口”的生活，在舒适的生活环境中渐渐丧失了在大自然中生存的斗志和能力。这只秃鹫，与其说死于饥饿，倒不如说死于依赖。

认真清理一下自己的行为中哪些是习惯性地依赖别人去做的，哪些是自己决定的。你可以每天做记录，将这些事情分为自主意识强、中等、较差三等，每周做一次小结。对照记录，针对自己的具体情况进行分析，对于自主意识强的事情，坚持以后遇到同类情况一定要自己来做。对于自主意识中等的事情，也要尽量提出自己的改进方法，并在以后的行动中逐步实施。对自主意识较差的事情，可以提高自我控制能力，提高自主意识。

2. 增强自己的自信心

有依赖心理的人往往缺乏自信，自我意识低下。依赖性强的人往往没有主见，缺乏自信，所以只能居于从属地位。遇到事情总想依赖父母、朋友或权威解决。一个凡事总依赖别人，不愿自己动手去做的人是危险的，再强大的依靠也有消失的一天，一个人最大的靠山其实就是自己。

寻找自己的优点和长处，从自己最擅长、最容易做的工作入手，最容易激起自己对工作、学习和生活的信心。给自己一个肯定，给自己加油，增加自己的自信心,相信自己可以自主处理事情,并把这种自信培养成一种习惯。

人都有依赖心理,只不过有些人依赖心理很强,而有些人依赖心理较弱,依赖和人的惰性是共存的。依赖性强的人就如依靠拐杖走路的不健康的人。只有甩掉别人的拐杖,自己才能够站得稳,走得快。挪威著名戏剧家易卜生说过:“在这个世界上,最坚强的人是只靠自己站着的人。”

每个人都有自己的人生,别人的帮助毕竟是有限的、一时的,只有通过自身的努力,才能走出属于自己的一路风景。

惰性和依赖性,是成功路上最大的障碍,依赖他人只会让自己变得日益懦弱,而依靠自己,才会让自己变得更加强大。惟有依靠自己,才能最终到达目的地。

摆脱偏执性格，丢弃无尽的烦恼

偏执性格是以固执己见为典型特征的一类人格。具有偏执性格的人，一般表现为对自己的过分关心，自我评价过高，常把挫折的原因归咎于他人或推至客观条件。

偏执型性格的人常见的特点有：感觉极度过敏，对侮辱和伤害耿耿于怀；思想行为固执死板，敏感多疑，心胸狭隘；嫉妒心强，对别人获得的成就或荣誉感到紧张不安，不是寻衅争吵，就是在背后说风凉话；自命不凡，对自己的能力估计过高，惯于把失败和责任归咎于他人，在工作和学习上往往言过其实；自己的看法、观点受到置疑时，往往会与人争论、诡辩，甚至冲动地攻击他人。

偏执型性格的人又很自卑，他们总是过多、过高地要求别人，却从来不轻易相信别人的动机和愿望，认为别人存心不良。很多时候，性格偏执的人的烦恼缘于对自己和周围要求太多，如果自己的欲望不能得到满足，就会心生烦恼，甚至出现极端行为。

偏执型性格的人在遇到事情时，不能正确、客观地分析，遇到问题，易从个人感情出发去处理，主观性、片面性非常大；在家庭中，常怀疑自己的配偶，并往往为此引发感情危机。性格偏执的人的心理活动常处于紧张状态，他们常常表现得孤独、无安全感、沮丧、缺乏幽默感，心理学上把这类性格缺陷归属于“社会隔离型”人格。

在现实生活中，人们所遭遇的烦恼有近一半是出于自己头脑中的想象，而剩下的一半才是要靠智慧和力量去解决的。心理健康的人一般都能懂得调适自己的心理,也能操控自己的行为,消除困难。而性格偏执的人,往往不能完全操控自己的行为,有时甚至会做出极端的事情来。偏执性格缺陷者如不接受心理辅导,不及时纠正自己的心理缺陷,有可能发展为偏执型精神分裂症。

那么,纠正偏执型性格需要怎么做呢?

首先,具有偏执型性格的人,对别人不信任,敏感多疑,对善意的忠告也很难接受。因此,应在相互信任和情感交流的基础上,让他们全面认识到这种性格的缺陷和危害,并促使他们自觉自愿地进行纠正,让他们有意识地改变自己在性格方面的缺陷。

其次,作为具有偏执性格的人,自身要有意识地去信任别人,积极主动地交朋友。对自己已有的朋友要真诚相待,坚信世界上大多数人是好的和比较好的,是可以信赖的;不应该对朋友,尤其是对知心朋友存在偏见和猜疑。

在与朋友相处的过程中,要注意与朋友之间的“心理相容性”。性格、脾气的相似或一致,有助于朋友之间的沟通。

对待朋友,要积极主动地给予精神和物质上的帮助,以心换心,朋友自然会也对你鼎力相助,这样做才能取得朋友的信赖和加强友好情谊。

第三,认识到自己的性格缺陷后,要勇于进行自我反省。每日临睡前回忆当天自己的所作所为,进行自我反省。这种方法是一种很有效的改变自己心理行为的方法,对于塑造健全优秀的人格品质和自我教育,有明显效果。

当然,这些方法只是起一定的辅助作用,如果你自己是典型的偏执型性格,或者性格中有明显的偏执倾向,有必要及早自我纠正。认识到自己性格中不健康的一面,怀着一种积极乐观的心态来改变自己,把自己的性格塑造得更加完美。

摆脱悲观性格，走出人生的深渊

悲观，是人们对自己的言行举止产生的一种不满和抱怨的情绪。经常处于悲观情绪包围中的人，时间长了，就会形成悲观的性格。有悲观性格的人，凡事总是最先想到事情不好的一面，对任何事情都抱消极和被动的看法，任何事情都不能给他们带来希望。因为悲观，他们总是精神萎靡，面容沮丧，眼神中有一种抹不去的凄凉和无助。而且，面对前途，他们总会有一种迷茫的心理，在他们的眼中，现实总会被扭曲，被丑化。悲观的人，看不到生活中的任何希望。

悲观的人在遇到挫折时，总是在潜意识里对自己说："生命就这么无奈，努力也是徒然。"如果经常运用这种悲观的方式解释事物，无意识中就会丧失斗志，不思进取了。

悲观的人失意时，总会觉得世间一切都不尽如人意，他们常常忧郁不安、悲观自怜，结果变得更加失意，以致失去了人生的幸福和欢乐。

每个人都会遇到不幸，甚至灾难，其实，无论是不幸还是灾难，其本身并不可怕，可怕的是有很多人在不幸中变得悲观、沮丧、冷漠、偏执，觉得全世界的人都对不起自己。如果因为小小的挫折、不幸而流泪，扩大自己的不幸，那你就是真的不幸了。

悲观者的性格并非"命中注定"，而是"后天养成"的。悲观是可以转变的，要想化悲观为乐观，有以下几种方法：

1. 不要加大事态的严重程度

一桩生意失败了,不要想着“所有的生意都难做”,要对自己说:“这一桩生意失败了,这是一个教训,下次应该避免犯同样的错误。”

2. 不要把“人”与“事”相混淆

一件事失败了,不要觉得你就是失败者,这样便是将“事”与“人”混淆了。你要对自己说:“这件事情做错了,是我做事有不当的地方,要找到原因,下次改正。”

3. 不要扩大悲观情绪

悲观沮丧的情绪,往往会扩大生活的不幸。有的人在悲观沮丧中形成了对他人冷漠的态度,这样不但无助于事情的解决,还会进一步伤害到自己。当你不如意时,不要感觉你事事都是不顺的,你要对自己说:“我做事总是不太如意,到底原因何在?”

4. 以积极的心态对待失败

遭遇挫折或失败时,要懂得积极的心态能够给你带来力量,要相信希望与乐观能引导你走向成功。试着去寻找积极的因素,不放弃取得微小胜利的努力。你越是乐观,克服困难的勇气就越大。

5. 以幽默的态度对待生活

以幽默的态度来对待现实生活中的失意。有幽默感的人,能够把心态放轻松,轻松地战胜厄运,排除随之而来的倒霉的念头。

6. 多与乐观的人接触

要尽可能多地接近乐观的人,观察他们的行为,学习他们的处事方式和心态,培养自己乐观的态度,乐观的火种会渐渐地在你内心点燃。

每个人都有遭遇挫折的时候,遇到不幸就悲观的人是很难成就大事的。悲观并不能使不幸变为幸福,最重要的是要坚强地面对困难。

杜绝犹豫性格，别让机会擦肩而过

犹豫，指做事拿不定主意，迟疑不决的性格。犹豫的人在需要做出决定时，不懂得应该做怎样的决定，于是心里反复地想着正确答案，因此而慢了半拍。

传说中，“犹”和“豫”本是两种动物，“犹”属猿猴类；“豫”属古象类。

据说，“豫”身大力不亏，但是总是摇摇晃晃，遇事常常没有自己的主意。“犹”虽然身材灵巧，却生性多疑。“犹”一旦发现“敌情”，便迅速地爬到树上，躲藏在茂密的树叶之后，探头察看。待一切平复后，它才跳下树来，进行一番东张西望后，又会突然再生怀疑，重新爬回到树上。如此上上下下，反复数次，毫不果断。

于是，后人根据“犹”和“豫”的多疑无主见的性情，把它们合在一起，组成“犹豫”作为一个词，来比喻左思右想，没有主见，前怕狼后怕虎，不会果断决定的性格特征。

犹豫的人总希望做出正确的选择，却又被每一个选择带来的负面结果蒙蔽了眼睛，根本不知道自己想要什么，不知道事情的结果会是怎样的。

犹豫的人在面对重大选择时，他们会一再拖延，直至不得不决断的时候才仓促决定。他们唯恐今天决断了一件事情，也许明天会错过更好的事情，以至于自己可能会对第一个决断产生懊丧情绪。

有这样一个寓言：

一头驴子面前有两垛青草，欲吃这一垛青草时，却发现另一垛青草更嫩更有营养,于是跑到另一垛青草那里。在另一垛青草处,却又发现这一垛还不如那一垛好,于是又跑回去。等到跑回来却又发现,还是另一垛好……于是,驴子在两垛青草之间来回奔波,最终也没吃上一根青草,以至饿死了。

按理说,人类要比驴子聪明得多,不会犯驴子一样的错误。其实不然,很多时候,人类的选择甚至比驴子还要笨。

有一位父亲试图用金钱赎回在战争中被敌军俘虏的两个儿子,但他被告知,只能救回一个儿子,他必须选择救哪一个。这个慈爱而饱受折磨的父亲非常渴望救出自己的孩子,但是在这个紧要关头,他无法决定救哪一个孩子、牺牲哪一个。这样,他一直处于两难选择的巨大痛苦中。在他还没有做出最终决定的时候,他的两个儿子都被处决了。

歌德曾经说过,犹豫不决的人,永远找不到最好的答案,因为机会会在你犹豫的片刻失掉。

在一些必须做出决定的紧急时刻,不能因为条件不成熟而犹豫不决,应当机立断地做出一个决定,你可能成功,也可能失败,但如果犹豫不决,那结果就只剩下了失败。

许多人虽然在能力上出类拔萃,但却因为犹豫不决的性格,最终失掉良机而沦为平庸之辈。因此,我们必须改变犹豫不决的性格,即使处在混乱中,也必须果断地做出自己的选择。

优柔寡断,当断不断是成功的大敌,在很多情况下,许多人正是由于没有及时做出决定而错过了大好机会。

做人总会有进退两难的时候,就如站在人生的十字路口上,不知如何是好。这个时候,一定不要优柔寡断,而是要当机立断,迅速做出决定。因为,不能决断的时候,往往正是关系自己生死存亡的关键时刻,这个时候的优柔寡断,往往会让你遭受巨大的损失,甚至付出生命的代价。

一个樵夫上山砍柴,不慎跌下山崖。危急之际,他拉住了半山腰一根横出来的树干,但是崖壁光秃秃的,而且很高,根本爬不回去,而下面又是崖谷。

真是上天无路，入地无门，樵夫不知如何是好。正在这时候，一位老僧路过这里，对他说道："施主，我现在可以指点你一条生路，但是，你必须听我的安排。"

樵夫赶快答应道："好的，好的，你赶快说吧！"

僧人说道："你现在放开你的两只手！"

"放手？不行啊师傅，下面是崖谷，我跳下去会摔死的，我还是等等，看有没有人能救我吧。"

僧人哈哈大笑："这位施主，既然不能上，那就只有往下跳了，跳下去不一定能活，但是，你这样吊着等人来救，别说没有人来，恐怕有人能救你的时候，你已经死了。"

樵夫觉得有理，索性横下心来，眼睛一闭松开两手——结果竟奇迹般地掉在了山脚的草甸上，很快被闻迅赶来的山民救起，保住了一条性命。

优柔寡断是成功的敌人，在它还没有伤害到你、破坏你的力量之前，你就要先把这一敌人置于死地，培养一种胆大心细、雷厉风行的行事风格。

我们要努力训练自己在做事时当机立断的性格，就算有时会犯错，也比那种犹豫不决、迟迟不敢做决定的性格要好。

不要再等待、再犹豫，更不要等到明天，今天就应该开始，逼迫自己训练遇事果断、迅速决策的能力，对于任何事情切不要犹豫不决。

那么，我们如何克服犹豫不决的毛病呢？专家在这里有一些建议，你不妨一试。

自强自立：培养自信、自主、自强、自立的勇气和信心，培养自己性格中果断独立的良好品质。

决定取舍：不要追求尽善尽美。"金无足赤，人无完人"，只要不违背大原则，就可以决定取舍。

有胆有识：无论做什么事情，都要有一种破釜沉舟的勇气和冒险精神。人类对自己总是姑息软弱的，说的时候总是"要坚强"，可做起来的时候，往往会退缩。

相信感觉：如果拿不定主意，就跟着感觉走，不管对或错、成功或失败都不用后悔，至少你曾经努力过！

充满自信：对自己充满自信的人是不会犹豫不决的。克服犹豫不决的最好办法是肯定自己的能力，坚信自己能够做出正确的决定。

要想把握生命中的幸福，把握住每一次成功的机会，就要果断决定，凡事要当断则断。

其实，很多时候，你想思考周全，防止纰漏，结果却往往事与愿违。要知道，生活中原本需要非常谨慎的事并不太多，就算是真正的大事，也很难找到万全之策，一再犹豫不会使事情自动向好的方向发展。不如抓住机会果敢行事，即使走错了，或许还能尽早补救。

冲动性格，是毁灭你的魔鬼

在心理学上，冲动是指一种爆发强烈而短暂的情感状态。冲动的人容易受主观因素的支配，以情绪衡量事物，不能真正深入到事物的本质中去分析，因而不能得出正确的思想和结论，思维有片面性。

冲动的情绪，往往使人对自己的行为缺乏控制力，容易说错话、办错事，产生不良后果。冲动情绪有时候就如同火山爆发一样，如果不能控制，便会伤及自己和周围的人。个性冲动的人，常常遇到一些小事就会引起情绪激动，有时是振奋、激动，显得非常热情；有时则是动怒、怄气，甚至跟别人争吵。

冲动是一种很难控制的情绪，一位心理专家形容说："冲动简直就是魔鬼！"正是因为难以控制，才使很多人酿成大错。

也许你无端地受到指责和误解，也许你在人生之路上迷失了方向，再或者你正经受着痛苦的煎熬，精神已经接近崩溃的边缘……但是，有一点儿你一定要记住，学会控制自己的情绪。因为上帝想要毁灭一个人时，必先使其疯狂。

大部分成功者，都是在情绪上能够收放自如的人。一个人无论做什么事都要三思而后行，如果只凭自己一时的意气行事，势必造成不堪设想的后果。

一头驴子和一头野牛很要好，它们经常在一起玩耍。一天，它们发现一个农夫的果园里有绿油油的青草，还有成熟的果子。于是就偷偷地进入了果园，偷吃了里面的青草和果子。而看管果园的园丁却一点儿都没有察觉到。驴子吃饱以后非常高兴，很想引吭高歌一曲。稳重的野牛对驴子说："亲爱的朋友，你忍耐一下，等我们出了果园，你再唱歌吧！"

驴子说："我现在真的很想唱歌，作为朋友，你应该支持我才对啊！"

"可是，你一唱歌，园丁就会发现我们，我们就跑不掉了！"

驴子觉得野牛根本无法理解自己的心情，没有接受野牛的建议，开始高歌起来。园丁马上就发现了它们，把它们全捉住了。

驴子的冲动，既害了自己，又害了朋友。每个人都有冲动的时候，但一定要牢牢控制住它。否则一点儿细小的疏忽，就可能贻害无穷。

情绪是人的一种情感表达，是人内心思想的外在表现。对自己情绪的良好控制，能让自己保持冷静的头脑和理智的思维，从而避免因为一时冲动做出后悔莫及的事情来。

对冲动的克制和理智行事，来自一个人的见识与自控力。才识高、见解深的人，一般都比较善于思考，能分清事情的本质。

莎士比亚有一句名言：人的不幸福，往往是因为在该用理智的时候用了情感，而在该用情感的时候却用了理智。

在社会生活中，有时候人际交往的不愉快会让你产生愤怒，工作的不顺利会让你心存不满，家庭生活的不和睦也会让你心中充满怨气，这些时候，是人最容易产生冲动、做出错误决定的时候。对于本身性格比较急躁，容易情绪激动的人，一定要三思以后再去行事，才能避免冲动引发的后患。

人生之路不可能是平平坦坦的，当你面对别人的诋毁，或者遇到使你生气的事情时，要敢于勇敢地去面对它，保持冷静和宽容，用自己的智慧和勇气去抑制冲动的不愉快的心情。

第3章 性格，决定事业方向的风向标

XINGGEJUEDINGRENSHENGQUANJI

事业在人的一生中占有很重要的位置。而要想取得事业的成功，就要付出相当大的努力和辛苦，而能否做到这一点，很大程度上取决于一个人的性格，大凡事业有成的人，都具有良好的性格，有着自己独特的性格魅力。

好性格让你出类拔萃

热忱的性格，成就辉煌的事业

热忱是一种力量，在每一分成功事业的背后，支撑它的都是一分对事业坚持不懈的追求的热忱，拥有了这分热忱，你才能够显示出与众不同的特质。一个人如果对工作抱有极大的热忱，那么他在工作之中就会蕴藏着极大的力量，这力量的背后，就是成功的奇迹。

巴黎的一家美术馆里，陈列着一座美丽得无与伦比的雕像，然而它的作者却是一个没有任何名气的贫穷艺术家。当年雕塑这件作品时，他每天都要在一间小阁楼里工作，就在雕像即将完工的时候，气温骤然下降，最后竟然降到了零摄氏度以下。艺术家知道，如果黏土模型缝隙中的水分凝固结冰，那么整个雕像的线条就会扭曲变形。但是，贫穷的艺术家实在没有什么东西来保持住雕像的温度，无奈之下，艺术家把自己身上的睡衣脱了下来，盖在了雕像的身上。

第二天早上，人们发现艺术家已经离开了人世，而那座美丽的雕像却被永久地保留了下来。

贫穷的艺术家用他的生命保住了雕像的美丽，用他对艺术的热忱，完成了艺术的创作，成就了他的事业。

事业是一个人生活的一部分，而且是生活的重要组成部分。对待自己的事业要像对待自己的生活一样富有感情、充满热情、带有激情。一个人对工作的态度在一定程度上也可体现出他对生命的态度。

当你以一颗热忱之心全心全意致力于工作时，哪怕是最乏味的工作，你也会做得饶有兴致。对于那些我们不愿意做、不喜欢做的工作，但是又不得不做时，应当学会把低落的情绪抛出身外，把热忱转化为工作的动力，一段时间之后，你会发现自己已经在这一行里干得游刃有余，而且开始渐渐喜欢上了这份工作。因为有了热情，你就会克服自己身上的惰性，长期不懈的工作热情，会让你学到职业范围内的很多专业知识，这对你的事业来说，是一笔巨大的财富。

一位著名的金融家有一句名言："一个银行要想赢得巨大的成功，唯一的可能就是，他雇了一个做梦都想把银行经营好的人做总裁。"一旦你投入了工作的热忱，成功也就离你不远了。

热忱是一种热情的精神特质，它深深地根植于人的内心，是一种由你的眼睛、你的面孔、你的灵魂辐射出来的兴奋，你的精神将因之振奋，而这振奋也会鼓舞别人。热忱好似一团火焰，可以融化生命中的冷酷和生活中的冷漠。

对工作的热忱是一种动力，在你遇到逆境、失败和挫折的时候，给你力量，指引着你去行动，去奋斗，去迈向成功。

事业，是需要用生命去完成的事情！凭借对事业的一分热忱，你可以把枯燥无味的工作变得生动有趣；凭借一分热忱，你可以发掘出自身潜在的巨大能量，补充身体的潜力，成长为坚强有为的人才；凭借一分热忱，你可以感染周围的同事，获得他们的理解和支持，拥有良好的人际关系；凭借一分热忱，你可以赢得可贵的成就和发展的机会。

拿破仑·希尔说："要想获得这个世界上最大的奖赏，就必须拥有过去最伟大的开拓者所拥有的将梦想全部转化为有价值的献身热情，以此来发展和销售自己的才能。”

露西一直对于图书出版工作怀有极大的兴趣和热情，在快要毕业的时候，她参加了很多场图书展览会，并想在图书出版业找到一份自己喜欢的工作。

但是，因为缺少经验，几次面试都没成功，“我们需要熟悉编辑和印刷流程的员工，你现在还不太符合我们的条件，以后有机会再说吧……”她得到的总是这样的回答。

没有找到工作，但是，出于一种爱好，她仍然怀着极大的兴趣，倾听那些富有经验的书籍制作者介绍封面的工艺和选题的创意。

在一家展位前，一位年近50岁的出版人正在和前来订书的批发商讲述那些书的制作过程，他侃侃而谈，神采飞扬，脸上洋溢着激动和热情的光彩。

露西在心中惊叹道：“我从来没有见过这么热情的人！”

“你好，请问你是？”突然，老人对露西说道，“我注意到了，你一直都在旁边听！”

“是的，我从来没有见过像您这么热情的人！您讲得太精彩了！”露西欣喜地说。

“看得出来你也很热情，而且你身上有一股闯劲！”

当这位先生了解了露西的情况后，他热情地说：“我需要的就是你这样的人！到我的公司来做事吧！”

“可是我没有经验！”

“有热情一切都会有的！”

“有热情一切都会有的”，热情是生命之神，是生活和工作的动力。因为热情，这位先生抓住了一大群经销商和露西的心；露西也因为热情得到了别人的认可，成功地找到了自己想要的工作。

一个人能力不足，但却具有热情，他必定会胜过能力高强但是欠缺热情的人。对眼前的工作倾注了全部热情和精力的人，无论工作多么困难，需要付出多大的努力，都会尽心尽力地去完成。对工作无限热情的态度，是一个人纵横职场、取得成功的资本！

任何事业的成功，都可以称为热忱性格的胜利。没有热忱的性格，不可能成就任何事业。在经营事业的过程中，无论多么激烈、多么艰难的挑战，都会被热忱的性格赋予新的含义。有了热忱性格，就能创造奇迹。

踏实的性格，让你走好每一步

世界上大多数人都是平凡人，但很多人都希望自己成为不平凡的人。梦想成功，梦想才华获得赏识、能力获得肯定，拥有名誉、地位、财富。但遗憾的是，真正能做到的人，似乎总是少数。因为，他们虽然有着不凡的梦想，却不能真正脚踏实地地去努力实现这一非凡的梦想。

所谓踏实，就是切实，不浮躁，脚踏实地。踏实是一种作风，一种认认真真、实实在在、不骄不躁的作风，是做人、做事稳健的基础和前提。踏踏实实去做好大家都认为重要的事，便能敲开成功之门。

在通往成功的路上，没有什么捷径，要走出属于自己的生存之路，好高骛远是行不通的，踏踏实实地做好你该做的工作，学会你该学会的知识才是人生的首要选择。脚踏实地、实实在在地去做，才是通往成功的最好的捷径。

有这样一则寓言：

一天，上帝宣布说，如果有哪个泥人能够渡过他指定的河流，他就会赐给这个泥人一颗永远不死的金子般的心。

过了好长时间，泥人们都没有回应。就在上帝也不抱希望时，终于有一个小泥人站了出来，说他想过河。

“泥人是不可能过河的？你别做梦了。”

“你的肉体会一点儿一点儿的被河水冲走的。”

“就算不被河水冲走，河里的鱼虾也会把你吞掉的……”

然而，这个小泥人还是执意要过河。他不想一辈子只做泥人，他要拥有自己的天堂。同时，他也知道，要到天堂，必须先过地狱，而他的地狱，就是他将要穿越的这条河。

小泥人来到了河边，它一步一步沉默地往前挪动着自己的脚步，他的双脚飞快地溶化着，一阵阵撕心裂肺的痛楚时时袭来，鱼虾也在贪婪地啄食着他的身体，但是，小泥人仍然孤独而倔强地走着。一步又一步，小泥人就这样一步一步地往前走，它不知道自己要迈多少步才能走过河，也不知道自己能不能过得了河，它只是感觉河好宽好宽，好像耗尽一生也走不到尽头似的。

终于，就在小泥人几近绝望的时候，他突然发现，自己居然上岸了。低头看看脚下时，他惊奇地发现，他已经有了一颗金灿灿的心。

小泥人终于明白了：从来就没有什么幸运的事情，能够来到天堂的人，不是因为幸运，而是都经过了地狱般的磨难，一步一步踏踏实实走过来的。

不要以为可以不经过程而直奔终点，不从卑俗而直达高雅。目标远大固然不错，但有了目标，还要为目标付出艰苦的努力。如果你只空怀大志，而不愿为理想的实现付出辛勤劳动，那么“理想”只能是空中楼阁。

我们每个人也都有自己的天堂——那就是我们的成功。而要到达天堂，就要经过地狱般的磨难。就像小泥人一样，那些在事业上有所成就的人士，都是踏踏实实地从简单的工作开始，一步一步慢慢走过来的。

一个人有胸怀远大的理想的确值得称赞，但不应由此而脱离了实际，把目标和做事都过于理想化。无论做什么事情，我们更需要的是求真务实、脚踏实地。脱离了现实便只能生活在虚幻之中，脱离了自身便只能见到一个无限夸大的幻象。不能脚踏实地，只能在空中飘着，那所有的远大目标也只不过是海市蜃楼。

能不能做好生活中的每一件小事，反映的不仅是一种能力，更是一种态度。不踏实的人，首要的错误就在于不切实际，不能脚踏实地，既脱离现实，又脱离自身。事业成功与工作态度，就像车身与车轮一样，如果你不让车轮着地，车就永远不可能驶向远方。

把踏实当做你的座右铭吧，只有踏实地做人、做事，你才能为将来的成功打下坚实的基础，才能把梦想变成累累的成功硕果。

责任感，成就事业的可贵性格

责任是一种与生俱来的使命，它伴随着一个人的一生。一个人从出生到离开这个世界，每时每刻都要履行自己的责任：对家庭的责任、对工作的责任、对社会的责任。正因为有责任感，我们才能对自己的行为有所约束。

20 世纪 90 年代，中国一个代表团到韩国洽谈商务。因为先导车开得快，车开了一段时间后，先导车就停在了高速公路的临时停车带等后面的车。刚停下不一会儿，一辆路过的“现代”跑车就靠了过来，驾车的是一对年轻的韩国夫妻，这对夫妻是现代汽车集团的职员，他们这次是休假出游，正好碰上中国代表团的先导车停在路边，以为他们出了什么问题，于是过来问一下，希望能够帮上忙。因为代表团先导车就是他们集团生产的，他们有责任帮助任何一辆有问题的现代车。

这对韩国夫妇开着跑车休假出游，并非是在工作时间，他们的上司也不在现场，仅仅因为停靠的车辆是他们公司生产的，就对一个与他们的工作职责并没有直接联系的问题给予了这样的关注，这就是责任，他们把与公司有关的任何问题都当成了自己的个人责任！正是这种责任感，保证了现代汽车集团良好的竞争优势。

这就是责任，为了自己的职责，为了自己肩上担负的重任，不顾一切，全力以赴。责任让弱者变得坚强，责任让强者变得更加强大。

在这个世界上，每一个人都扮演着不同的角色，每一种角色又都承担着不同的责任，饰演角色的最大成功就是对责任的完成。你的职位越高、权力越大，你肩负的责任就越重，而这种责任意识会让你表现得更加卓越。

一个民族缺少勇于负责的精神，这个民族就没有希望；一个组织缺少勇于负责的精神，这个组织就难以给人信任感；一个人缺少勇于负责的精神，这个人就会被人轻视。

一个缺乏责任感的人，首先失去了社会对自己的基本认可，同时，还会失去别人对自己的信任与尊重，甚至可能为此失去安身立命的根本——一个人的信誉和尊严。

生活中是这样，工作中更应如此，一个人在工作中的责任心是不可缺少的。将工作本身看成一种神圣的使命，你对企业的责任感也会随着自己完成使命的行动而变得越来越大。

某市有一座建于1917年的6层楼房——景明大楼，该楼的设计者是英国的一家建筑设计事务所。

20世纪末，度过了80个春秋的“景明大楼”的业主收到了它的设计者寄来的一封信。信的内容是：景明大楼为本事务所在1917年设计的，设计者当时设计的使用年限是80年，现在大楼已经超期服务了，敬请业主注意。

80年前盖的大楼，设计者应该早已经不在人世了！然而，80年过去了，竟然还有人在远方为它的安危操心！而操这份心的，竟然就是它最初的设计者，那个异国的建筑设计事务所。

这家建筑事务所之所以这样做，是因为他们始终坚守着一份责任和一份承诺。

无论一个人，还是一个组织，无论你从事什么工作，都是被赋予一定使命和职责的。因此，你要为自己的使命做出努力和承诺。

责任心与你的职位没有关系，也许你只是一名普通的员工，你做的工作可能只是流水线上一个小小的环节。但是，即使是这样，你也要把你的工作做得更好、更完美，因为，那是你的责任。即使一个小小的齿轮，如果没有生产好，也会影响整台机器的质量。

一个有责任感的员工,不仅要完成他分内的工作,而且还要时时刻刻为企业着想。海尔的一名员工这样说过:“我会随时把我听到的、看到的关于海尔的意见记下来,无论我是在朋友的聚会中,还是走在街上听陌生人说的话。作为一名员工,我们有责任让我们的产品更好,我们有责任让我们的企业更成熟、更完善。”企业的命运与员工的表现息息相关,若能把日常工作中发现的问题积极地反馈到公司负责人那里,企业或许就会因此创造出更大的利润。

缺乏责任感的员工,不会视企业的利益为自己的利益,不会想到自己在外的所作所为都代表着企业的形象,因此,他们不会对自己的言行举止有所约束和节制,不会因为自己的行为影响到企业的利益而感到不安,不会处处为企业着想。

在这个商业化的社会里,人们越来越欣赏那些敢于承担责任的人。有责任心的人,在工作的过程中,要求自己具备一种勇于负责的精神,这样,才会获得别人的敬重,而为自己赢得尊严。有责任心的人,具备开拓精神,他们想公司所想,为公司带来效益。有责任心的人,能给人一种信赖感,他们会把公司的事情当做自己的事情去做。

敬业的性格，让你出类拔萃

敬业就是敬重并热爱自己的工作，把工作当成自己用生命去完成的事业，并为此付出全身心的努力。敬业大致包括两个内容：一是敬重自己所从事的工作，并引以为豪；二是对自己所从事的事业进行深入钻研探讨，力求精益求精。

无论是哪个行业，都会用“爱岗敬业”规范自己的员工。但是，一个人由于种种原因，可能对目前的工作不太满意，但是，这不能成为你不敬业的理由，你可能不“爱岗”，但决不可以不“敬业”。

我们不能苛求每个人都“爱岗”，但是敬业却是做人最起码的行为准则和道德规范。敬业是一种基本的职业精神，这种职业精神体现在日常生活和工作的一点一滴之中。

既然你已经选择了现在所从事的职业，就是对这个职业所属的一切做出了承诺，只要你还在目前的岗位上工作一天，都应认真完成一天的工作。做一天“和尚”，就要把这一天的“钟”撞好。

有人在雨天对公共汽车的停车方式作过观察，在一个路边有3米宽的积水的车站，观察者一共察看了14辆公共汽车。这14辆公共汽车司机中，有8名司机把车停在距候车乘客1.8米左右的地方，这个位置，乘客一般无法一步上车，这意味着大部分人要涉水上车；有4名司机快速驾车驶进站台，用溅起的泥水与乘客“打招呼”；只有2名司机将车停在乘客抬脚即可登车的地方。

停在标准的位置，让乘客安全方便地登车，这一点在技术上对哪个专业司机都不难，但因为职业精神上的差距，最后的工作结果是完全不同的。

敬业是生命的润滑剂，对工作敬业的人没有苦恼，也不会因困惑而动摇。当敬业意识深入我们脑海里时，我们做起事来就会积极主动，并从中体会到快乐，从而获得更多的经验、取得更大的成就。

IBM 公司的创始人沃森对“敬业”极为看重，并将“敬业”和“思考”作为公司永不终止的信条和追求。他认为，敬业是一种美德，加入一个公司，就要有一种绝对忠诚和敬业的精神。

敬业的员工是老板最器重的员工，也是最容易成功的员工。如果你的能力一般，敬业可以让你走向更好；如果你十分优秀，敬业会将你带向更成功的领域。

李瑞深大学毕业后，一直在深圳的一家小公司上班，做的是专业技术工作，与他上大学时所学的专业很对口，待遇也算可以，李瑞深也一直很勤奋、很尽力。

工作两年后，李瑞深突然不那么“卖力”了。

原来，李瑞深有一个在北京的大学同学，他这个同学就职于一家大公司。这家公司正好要招聘专业技术人员，同学凭着对李瑞深能力的了解，向公司领导推荐了李瑞深，并得到了领导的同意。经过面试，公司领导也一致认可了他，如今，他们正式发来通知，让李瑞深安排一下去上班。

这对李瑞深来说确实是个不小的诱惑，不仅工资待遇比这家公司翻了两倍，而且还是一家大公司，对于未来的发展也是非常有利的。

这件事儿让李瑞深激动了好一阵子，但是，公司里就自己一个技术员，自己走了，公司一时没有人能接替自己。

于是，李瑞深把自己面临的情况告诉了领导，并且把自己当时的想法也说了出来：“这个机会对于我来说是很难得的，所以，我想去那里上班。但是，我走了，咱们这里一时没有技术人员，也是不行的。因此，我想暂时不走，等到公司找到新的技术员之后，我再离开。”

经理听了,一方面为失去一个人才感到遗憾,同时也很感动。感动于李瑞深在即将离开时,还在为公司考虑。

而李瑞深也把自己的情况告知了北京的公司,请他们谅解自己一时不能离开现有的公司去那里上班的原因。

李瑞深继续留在原单位,还是像往常一样上下班,只是他工作起来越发努力了,只怕自己走了以后,留下什么"尾巴"要别人来处理。

但是,公司却一时找不到合适的人选来接替李瑞深的工作,而且,这时北京也开始电话催促李瑞深:"如果你还不来,我们就要换别人了。"

虽然李瑞深反复解释,但是,工作不等人,北京的公司表示不能再等了。李瑞深真是进退两难,思量再三,最后还是告诉北京公司的人:"实在对不起,我真的不能一走了之。如果无法再等,我只有放弃了,虽然我感觉非常可惜,非常遗憾。但是,我不能把这边的工作丢下,请原谅。"

但是,北京的那家大公司却没有放弃李瑞深,他们把另外一个职位留给了他,因为他们被李瑞深的敬业精神感动了。等到深圳公司培训好的新技术人员到任后,李瑞深就买了去北京的车票,到那家大公司做技术主管了。

敬业,不仅仅是为了把工作做好,给老板一个交代。更关键的是,敬业是一种使命,是一种崇高的精神,是取得成功必须具备的品质。因为敬业,李瑞深失去了一次去北京工作的机会,这对于他是一个很大的遗憾;同样,因为敬业,他得到了一个更好的机会,这对于他并不能算是惊喜,这是他应该得到的。没有一个企业的领导不喜欢爱岗敬业的员工,他们知道,李瑞深能够在原单位做到如此敬业,他到一个新的单位以后,一样可以做到。

一个敬业的员工和一个不敬业的员工的差别是显而易见的。

一个敬业的员工,哪怕在最普通的岗位上,都能全力以赴,用自己最大的热情,释放出自己最强的能量,做出最出色的业绩。相反,缺乏敬业精神的员工,即使在最优越的岗位上,也只能是消磨度日,毫无业绩可言。

敬业的人能从工作中学到比别人更多的经验,而这些经验正是向上发展的踏脚石,即使以后换了工作,从事不同的行业,这种敬业精神也会为自己带来帮助!

被称为“经营之神”的日本著名企业家松下幸之助,在创业之初,曾经亲眼目睹信徒在寺庙里虔诚而愉快地参加义务劳动,感慨地说:“如果企业的员工能够带着宗教般的虔诚投入到工作中去,那么企业肯定会无往而不胜!”这句话足以说明松下对敬业精神的看重和尊重。

专注的性格，让你的目标更易实现

我们每天都得面对工作、生活中的各种问题，它们往往接踵而来，让人应接不暇。但是，人的精力是有限的，人的注意力也是有限的，我们无法同时做很多事，就如一个人无法骑两匹马一样，骑上这匹，就要丢掉那匹。

聪明的人会一次只做一件事，把它专心致志地做好。

美国钢铁大王安德鲁·卡内基在一次对美国柯里商业学院毕业生的讲话中指出："获得成功的首要条件和最大秘密，是把精力完全集中于所干的事。"

一个年轻人非常苦恼地对昆虫学家法布尔说："我把自己的全部精力和时间都花在我爱好的事业上，结果却没什么收效。"

法布尔赞许地说："这么说，你是一位献身科学的年轻人了。"

这位年轻人说："是的！而且，我不但爱科学，还爱好文学，对音乐和美术也很感兴趣。"

这时，只见法布尔从口袋里掏出一面放大镜说："想成功吗？把你的精力集中到一个焦点上试试，就像这块凸透镜一样！"

伊格诺蒂乌斯·劳拉有一句名言："一次做好一件事情的人比同时涉猎多个领域的人要好得多。"在太多的领域内都付出努力，难免会分散精力，阻碍进步，最终会一事无成。

专注于目标，专注于要务，专注于最能给你带来价值的事。

在一个班级的课堂上，老师在给学生讲故事：

有三只猎狗正在追赶一只土拨鼠，走投无路的土拨鼠钻进了一个只有一个出口的树洞。不一会儿，从树洞里窜出来一只兔子飞快地向前跑去，不一会儿，跑着的兔子就又爬上了另一棵大树。但是，兔子在树上没站稳，摔了下来，砸晕了正在仰头看他的三条猎狗。最后，兔子竟然逃脱了。

故事讲完了，老师问："这个故事有什么问题吗？"

"兔子不会爬树。"

"一只兔子无法砸晕三只猎狗。"

"还有呢？"老师继续问。

直到学生再也找不出问题了，老师才说："有一个关键的问题，你们谁都没有提到，那就是土拨鼠到哪里去了。"

学生们只注意到了兔子的出现，却全然忘了猎狗要抓的是土拨鼠。兔子的突然冒出，把学生的思路打乱了，土拨鼠竟在大家的头脑中消失了。

目标可以吸引我们的注意，引导我们努力的方向。但是，如果你中途把目标丢了，那你也失去了前进的方向；如果你把目标转移了，那么，你努力的方向也就改变了。那样，你最终也无法在通向成功的道路上走到终点。

许多生活中的失败者并不是不努力，他们几乎都是在多个行业中艰苦地奋斗过的。只是他们没有专注于一个目标而已，如果他们的努力能集中在一个方向上，也许，他们能获得比当下要大得多的成功。

刚刚大学毕业时的曾钢与他的同龄人一样，有着年轻人所特有的积极进取心。他不仅工作能力很强，而且个人素质也很高。周围的同学和同事都认为，他是一个前途无量的人。

但是，10年后，曾钢却始终没有什么特别的成就，这让他的同学、同事都感到费解。其实，曾钢也不是没有努力过。可以说，在这10年中，他一直在努力。他制订过许多人生目标，每天从早到晚，不是忙着考托福就是考注册会计师，或者想着是不是应该出国，要么就认为自己开公司创业更好。只是，他从来没有从自身实际出发，认准一个目标一直干下去。结果，10年的时间，他干了很多事情，却什么也没有干成。最终，在忙忙碌碌中，年轻人的那股冲劲和激情也全部被他挥霍在工作周围的事情上了。

10年过去了，他周围那些有些“愚钝”的同龄“老黄牛”，有很多被公司重用，成了企业的高层领导；有些开创了自己的事业，有了自己的公司；也有几个出国发展了。而他的诸多梦想却都没有开花，对此，他除了抱怨社会不公平之外，似乎还没有别的收获。

一个人不断地转换工作目标，这个过程中的损失是相当大的。多年来积累的资历、职位、经验和人际关系网络等都有可能被浪费掉。而且，人都是有行为定式和心理惰性的，到了一定的年龄，经验增长了许多，锐气却也消磨了不少，这是一种资源损失，也能使很多人缺乏面对新挑战的勇气和决心。

美国著名半导体公司德州仪器公司的口号是：“写出两个以上的目标就等于没有目标。”戴尔·卡耐基在分析了众多个人事业失败的案例后得出的结论是：“年轻人事业失败的一个根本原因，就是精力太分散。”由此可见，专注于一个目标，并为之努力，就会让目标很快实现，反之，若目标过多，则会导致精力分散，甚至会落个一事无成的下场。

永不满足的性格，让事业日趋完美

完美是人类一直追求却一直无法企及的境界，人类永远不能做到完美无缺，但是，这并不代表我们不能去追求完美。永远不要满足于已有的成就，而是要以更大的勤奋去获取成功。人类永远向前的动力，是社会进步的必然要求。在我们不断增强自己的力量、不断提升自己的时候，对自己的要求会越来越高。不断地给自己加压，永远不让发动机熄火，这样，才能让自己的生命之车驶向尽可能远的奇境。

国画大师齐白石，作画多年，成就卓著。但是，他始终不满足于已经取得的成就，不断吸取历代名画家的长处，不断改变自己作品的风格。据说，齐白石一生中，画风至少变了五次！70 岁以后，他的画风变了一次。80 岁以后，他的画风再度变化。

大师在成功之后仍然马不停蹄，在他 80 岁高龄时，还每日挥毫不已。有时因来了客人或身体不适而不能作画，过后也一定要补画。正因为如此，他晚年的作品比早期的作品更为成熟，形成了独特的流派与风格。

不要满足于尚可的表现，要做就以最大努力做到最好，这样，你才能成为不可或缺的人物。你对工作的态度决定了你对人生的态度，你在工作中的表现决定了你在人生中的表现，你在工作中的成就决定了你在社会中的成就。

曾任微软中国区总裁的唐骏，最初是以工程师的身份进入微软的。当时，微软正在开发 Windows 操作系统，系统最先开发出来是英文版，然后再由一个三百多人的大团队开发其他语言的版本。

这是个非常辛苦的工作,开发其他语言版本的过程,不只是翻译菜单那么简单。就拿中文为例,从英文到中文,许多源代码都要重新改写。单中文这一种语言,就需要50个人努力不懈修改大半年,才能做出完善的中文版本。

最开始的时候,Windows中文版要比英文版晚上市9个月;到了Window3.1,中文版甚至滞后了一年多。

唐骏实在是觉得这种办法太笨了,为什么不改一下呢?

其实,不仅仅是唐骏自己发现了这是个问题,在此之前,也已经有人发现并提出来过,但是,公司一直没有拿出太好的办法,于是,大家也就一直这样做。

而且,这项工作也不由唐骏负责,他跟着大家一起这样做下去也没有什么问题。但是,不满足于现状的性格让唐骏决定,一定要找出一个好的办法来。

半年后,唐骏拿出了一个写有几万行代码的程序,而且,经过实际操作,证明他的程序经得起检验后,唐骏找到老板面谈。

微软公司花了3个月时间进行实验,最终认为他的方法是可行的。于是,原来三百多人的大团队一下缩减到了50人,由唐骏带领重新对微软操作系统进行全方位的改变。而他,也从一个工程师变成了一个部门经理。

进入微软一年半以后,唐骏在职位和薪水上都得到了提升,并在认股权上得到了回报。

永不满足是人类精神的永恒本性,唐骏取得如此成就,正是来源于他永不满足的性格。要想在工作中实现自己的价值,就要在做事的时候抱着追求尽善尽美的态度。唐骏追求尽善尽美的性格,让他提出了别人不敢提出的问题,让他在工作之余,花半年的时间去开发一个程序,也因此,让他得到了别人没有得到的成就和荣誉。更重要的是,他的举动,为千千万万非英文的Windows用户提前了使用新程序的时间。在这个世界上,为人类创立新理想、新标准，引领人类走向进步，为人类创造幸福的人，都是具有这样性格的人。

追求完美，永不满足，要做就做到最好，是做事的原则，更是做人的原则。把事情做到最好，是对别人负责，也是对自己负责。当你把事情做到最好以后你就会发现，你付出的所有辛苦都会得到应有的回报。

勇于挑战自我的性格，让成功近在眼前

人与人之间的差异并没有多少，而为什么有的人取得成功，有的人却一直默默无闻呢？原因还在于一个人是否勇于挑战自我。

人一生的奋斗过程其实也是一个勇于不断战胜自我的过程。敢于挑战自己，勇于战胜自己，拥有获取成功的胆量，才是成功的基础和前提。

古往今来，大凡取得突出成就的伟人，都得益于他们所拥有的勇敢性格与心态，有一种为别人所不敢为的勇气和智慧。汉字激光照排技术的开创者王选院士曾经说过："在科学上要有所成就，就绝不能总跟在别人后面，而要处处争取领先。"

让我们看一看著名物理学家法拉第的故事：

当法拉第还是一名书籍装订工人的时候，有一次，他听说大名鼎鼎的英国皇家科学院的戴维教授正在招聘一位科研助手，一直立志于从事科研的法拉第非常兴奋，他觉得这是一个非常难得的机会，于是，他兴冲冲地跑去报了名。

不料，考试的前一天，法拉第却接到通知，他不能参加考试，因为他只是一个普通的装订工人，没资格参加科学院的招聘。法拉第据理力争，但是，招聘人员无论如何也不同意，说是除非他能得到戴维教授本人的同意，否则不予考虑。

对于能否得到戴维教授的同意，法拉第自己一点儿信心也没有。但是，他实在是太想拥有这个机会了，他没有别的办法。无奈之下，法拉第只好顾

虑重重地来到戴维教授家门口,鼓起勇气敲响了戴维教授家的门。

"门没锁,进来吧!"屋里有个老人说。

这位老人就是戴维教授。他听明白了法拉第的来意和请求后,想了想,写了一张纸条给法拉第说:"小伙子,你把这个拿去给招聘委员会的人,就说我已经同意你来考试了。"经过严格的考试,法拉第果然脱颖而出,如愿进入了皇家科学院,并最终成为著名的物理学家。

有人曾对许多成功人士做过调查,得出的结论是:成功的关键是要有成功的胆量,敢想是成功的第一步。研究者还指出,在成功者和其他人之间有一条明显的界线,这条界线就是敢想敢做的勇气。要想成功,一定要有想要成功的胆量。如果连想要成功的勇气和胆量都没有,那就更别提成功了。

晓冉从一所普通的大学毕业后,来到人才市场上求职。整个会场人头攒动,她转了一圈,发现了一个奇怪的现象,与其他展台的热闹形成了鲜明的对比的是,澳柯玛公司的展台前竟然少有人问津。

晓冉带着好奇心走过去看了一下,终于明白了其中的原因。原来,招聘启事上写得很明白,点名只要名牌大学毕业生,还必须有两年以上的工作经验。如此苛刻的条件,难怪大家会望而却步。

晓冉转身想走,但又一转念,他们不就是招聘普通员工吗,为什么不试试呢?这个工作对于她还是相当有吸引力的,于是晓冉心一横,打算去试一试。

她径直来到应聘桌前,那个主管指了指招聘启事:"看过了吗?"

"看过了,不过有点遗憾,我不是名牌大学毕业,而且也没有工作经验。"晓冉不慌不忙地回答。

那位主管把晓冉打量了好半天,忽然笑了,说:"你敢来应聘,不怕吃闭门羹吗?"

晓冉停了停说:"我非常喜欢这份工作,虽然没有工作经验,但我觉得我完全有这个工作能力。学历是能力的一种参考,但绝不是唯一的参考。经验是在工作过程中形成的。如果我具有你们所要求的那些条件,我就会来应聘像你这样的主管职位。”

那位主管笑了笑，竟出人意料地收下了晓冉的简历。更让人惊奇的是，第三天晓冉就接到通知，告诉她被录用了。

主管说：“其实，那些招聘条件只不过是故意设置的门槛，谁有挑战这个门槛的勇气和果敢，谁就是我们所需要的，销售工作需要的就是这样的勇气和果敢。”

晓冉能够成功得到这份工作，并非她自己客观条件过硬，而是她内心的勇气和胆量征服了主管。招聘单位要求的，也不单单是他们自设的条件，更重要的是要求应聘者的性格和心态，正如主管所说，销售工作需要的就是勇气和果敢。

很多时候，绊住我们脚步的，往往不单单是我们的实力，也不是那些所谓的条件限制，而是我们自身的勇气。敢想，更要敢做，认准了目标，就勇敢而果断地走下去，只有这样才能脱离平庸，造就不凡。

不良的性格影响职业发展

处处显示自我的性格不利于个人发展

现实生活中，人们总会看到这样一些人，他们总喜欢有意无意地表现自己，抓住一切机会滔滔不绝地炫耀自己，只怕别人不知道自己的长处和成绩。但是，他们往往不能达到自己想要达到的目的，反而会因此招致别人的反感，最终，成为人人避之唯恐不及的讨厌鬼。

人贵有自知之明，一个人要想有所成就，首先要对自己有一个客观而清醒的认识。自信固然是成功的基础，但是，如果过分把自己太当回事，看不到自己的分量，自信就变成了一种自我膨胀。这种自我膨胀，会让人变得轻飘飘，没了踏踏实实的稳重；这种自我膨胀，会让人只想着往上飞，却全然不知道，就如天空中的热气球一样，人随时都有爆炸的危险。

两只大雁与一只青蛙结成了朋友。秋天来了，大雁要飞往南方，三个朋友舍不得分开。大雁对青蛙说："要是你也能飞上天多好呀，那样我们就可以一起飞走了。"

青蛙灵机一动说："你们两个衔住一根树枝，然后我衔在树枝中间，我们三个不就可以一起飞上天了吗?”

两只大雁听青蛙说得也有道理,于是决定采取它的建议。只是,它们再三叮嘱青蛙,中途千万不要张嘴说话,否则,它就会掉下来摔死。

就这样,三个朋友上路了,途中,它们听见有人问:“是谁这么聪明啊,能想出这样的办法?”

青蛙急于表现自己,忘记了大雁的叮嘱,于是大声说:“这是我想出……”话还没说完,它便从空中掉了下去。

现实中,很多人像那只青蛙一样,总希望自己高人一等,却落了个凄惨无比的结局。做人贵在有一颗平常心,既不能太看低自己,也不能把自己太当回事。一个人不要把自己看得太重要,过于抬高自己而不客观地审视自己,过分自我膨胀,就会踏上危险的悬崖,注定会走向失败。

小张是某市人事局的一名职员。由于她的勤奋和才干,工作上取得了不错的成绩,于是人事局领导经过讨论,最终派她去做区人事局主任。

在刚到区人事局当主任的几个月中,她春风得意,对自己的机遇和才能都非常满意和满足,她总是把自己以前在工作中的成绩挂在嘴边,反复炫耀自己以前在工作中的成绩,结果,很快她就发现,同事和领导并不买她的账,根本没人愿意理会她。

在社会生活中,每个人都希望自己在最短的时间内得到别人的认可,这本是人之常情,但如果把握得不好,就会被人认为是在刻意地表现自己、排斥别人,在不知不觉中就将自己孤立起来。

任何人都希望得到别人的肯定性评价,都在不自觉地维护着自己的形象和尊严。但是,如果过分地显示出高人一等的优越感,那么,无形之中,就会给别人一种自我炫耀的印象,自然会遭到他人的排斥。狂妄自负,高看自己、小看别人的人总会引起别人的反感,最终在交往中使自己走向孤立无援的境地。

生活中很多人都存在这方面的问题,他们过分强调个人才能,强调发展机遇,但对人际关系却不够重视,结果他们往往在与成功只差一步的地方惨遭滑铁卢。

一位部门经理这一年的业绩特别突出，到了年底，老板在表彰会上特别表扬了他，除了公司颁发的奖金外，还另外给了他一个红包。在大会上，主持人根据公司的安排，请他谈谈心里的感受。

他拿过话筒，就开始说自己在这一年中怎么兢兢业业，学习了多少知识，工作能力如何提高，可就是没有提及上司对他的信任和重用，更没有感谢同事和下属的帮助与合作。大会结束后，他甚至没有邀请同事们一起吃个饭庆祝一下。

表面上大家都没说什么，但是，从此他的上司就开始有意刁难他，同事们也离他远远的，下属们也变得懒散了，还经常顶撞他。

一个月过去了，他以前挂在脸上的春风得意的笑容没有了，渐渐成了一个孤家寡人。

不要感叹部门经理的上司、同事或者下属度量狭小，其实造成这种局面的是这个人忽略了别人的感受。每个人都认为别人的成功中有自己的功劳或者苦劳，而他却要独享荣耀，别人自然就会不舒服。

很多成功人士在接受采访的时候，总要感谢一堆人，家人、老师、同学、朋友、领导、工作人员甚至对手……你不要认为这是华而不实的形式，不值得效仿，这恰恰是你必须做的事。

每个人都希望自己和荣誉与成功联系在一起，你的感谢会让别人反过来感谢你注意到了他。如果你成功了，应当记得感谢。当你的工作和事业有了特别的表现，要记着不要独享荣耀；如果你的生意红火了，赚了大钱，也不要把所有的功劳都揽在自己身上。

一个人拥有才能，拥有优势，无疑会有更多表现的机会和成功的可能。在依靠优势展示自己、发展自我的时候，千万不要被赞誉声弄昏了头。要知道，有优势不代表你没有劣势。只关注自己的强项，而放纵自己的劣势任意扩张，就像是决口的河堤一样，越开越大，最终会侵蚀自己的事业整体。

自负性格会成为成功路上的绊脚石

自信在一个人的成长过程中是十分重要的因素，但是如果过分自信，那也有可能会成为“自负”。“自信”和“自负”之间存在一个度的把量，掌握好这个度，就是自信，超过了这个度，就会表现为自负。王尔德曾经说过：“人们把自己想得太伟大时，正是在显示自身的渺小。”

自负就是自己过高地估计自己。说通俗一点儿，就是人们所说的“夜郎自大”或者“自以为是”，自负其实是过分“自恋”，实质是无知的表现，“人贵有自知之明”，自负的主要表现正是不自知。人评价自己，要靠自我认知，过高地评价自己，就是自负，自负往往以语言、行动等方式表现出来。

本杰明·富兰克林之所以受到后人的尊敬，不仅是因为他对美国的独立战争和科学发明有过重大贡献，还因为他有很强的自我意识能力和良好的性格给后人树立了光辉的榜样。然而，具有如此良好的性格的人小时候也曾经是个非常自负、非常自大的人。

富兰克林从小聪明过人，也因此受到父亲的溺爱，对于他的骄傲和自以为是，父亲也从来不加约束。

父亲的溺爱和他的骄傲让父亲的一位老朋友看不过去了，一天，他把富兰克林叫到面前，用很温和的言语规劝说：“你总是不肯尊重他人的意见，可是，你想没想过，别人受了你这样的难堪后，谁还愿意再听你骄傲的自夸？你的朋友们将疏远你，你从此将不能再从别人那里获得半点学识。而你现在所知道的事情，还只是很有限的一点儿东西，你必须不断学习，不断从别人那里得到知识，才能成长进步。”

富兰克林听了这话，经过一番琢磨，终于大彻大悟，决意痛改前非。他给自己立下了一条规矩：绝不正面反对别人的意见，也不准自己武断行事。从此，遇人遇事，他的态度都非常真诚，言行也变得谦恭起来。不久，他便从一个被人躲避的自负者，成为一位处处受欢迎的人了。

真正有助于一个人成功的是自信，而脱离实际的自负不但不能帮助你成就事业，反而会影响你的正常工作、生活和人际交往，严重的还会损害你的身心健康。自信会让人对自己的未来充满信心和希望，自负却会让你忽视风险，盲目扎进自己并不甚了解的事情里。因此，对于想要获得成功的人来说，一定要尽早抛弃自负心理，用一种客观、理智的态度面对工作和生活。

王力是大学四年级的学生。春节过后，班里的其他同学都忙于找工作，可是他一点也不急。看着自己凝聚在表格里的辉煌四年，本就自负的他更加豪气冲天，似乎整个世界都是他的。

这天，王力去一家电子公司应聘，先进行理论考试，考试内容几乎都是基本知识，他很快就完成了。部门经理让他下周三到总经理办公室面试。

看到公司当场就给了他参加复试的通知，他有些得意地对一起来的同学说：“来这么一家公司，我大概有点屈就了。要不是考虑离家近，这种单位我是不会考虑的。”

这时，电梯门开了，里面出来一位西装革履的中年人，听了他的话，语重心长地对他说：“小伙子，可不能太自负啊。”

这件事儿他并没放在心上，悠闲地回家了。

面试那天，因为太过轻视这次面试，他竟然迟到了。当他走进总经理办公室时，发现耐心等待他面试的那位，竟然就是他在电梯门口遇到的那个中年人——公司总经理！

应聘的结果自然不必多说了，王力后悔也已经晚了。

自负是人们自掘的一个陷阱，当人们自负过头时，往往会陷入其中不能自拔。自负的人习惯沉浸于虚无的胜利幻想中，往往因为一次成功就自我陶醉，他们把别人给予他们的荣誉看做理所当然。自负的人总以为曾经的成功能长久，往往因此变得不思进取，从而被成功所抛弃。

“人贵有自知之明”，一个人值得称颂的地方是自身能够正确地认识自己。只有充分地了解自己的性格，才可以很好地发挥自己的性格优势，很好地与别人合作，并在竞争中胜出。但是，在发挥自己性格优势的同时，却不能忽略对自己性格的认知和反省。

每个人对自己都会有一定的认识，并在这个认识的基础上产生一种自我评价。不要把自己看得太高，自信与表现欲本是一个人的优秀品质，但表现过度或者狂妄自傲、目空一切，那就是自负。这样，即使你真的有才能，你的自负也会让你失去发挥自己才能的机会。

抱怨的性格不会让世界为之动容

生活中经常有这种现象，一些遭受挫折、打击的人，习惯于责备社会、抱怨人生，埋怨自己运气不好。而对于别人的成功与幸福，他们总是愤愤不平。在他们看来，这些足以说明生活使他们受到了不公平的待遇。这就是人们所说的怨天尤人，即遇到挫折或出了问题，一味报怨社会，责怪别人，而不从自身出发寻找不足。

每个人都不会一直幸运，面对一时的坎坷，很多人都会抱怨命运的不公平，感觉上帝捉弄了自己，却很少有人能正视自我，冷静地剖析自己，看自己是否已经磨炼成了一块金子。

陈敖大学毕业后，仅仅工作了两年就换了六个单位，最近他又闷闷不乐地找到大学同学刘小伟，说是在单位得不到老板的重视，身边的同事也不愿和他多说话，他自己对那份工作也已经厌倦了，最近正想着辞职，另找一份工作。

刘小伟十分了解陈敖的性格，他是那种有上进心，又很自负的人，总觉得自己比别人强，总觉得别人亏欠了他，所以，一有不顺心，就容易抱怨环境，抱怨周围的人，却从不知道从自己身上找原因。毕业已经两年了，他虽然频频跳槽，却一直郁郁不得志，毕业前的雄心壮志也荡然无存。

刘小伟没有直接说什么，而是给陈敖讲了一个故事：

一只乌鸦打算飞到南方去，途中遇到一只鸽子，一起停在树上休息。

鸽子问乌鸦："你为什么要离开这里呢？"

乌鸦叹了口气，愤愤不平地说："其实我不想离开这里，可是这里的居民都不喜欢我，他们讨厌我的叫声，他们看到我就撵，有些人甚至用石子打我，所以我想飞到别的地方去。"

鸽子好心地说："别白费力气了。如果你不改变你的声音，飞到哪里都会不受欢迎的。"

无论在生活中还是在工作中，每个人都会遇到这样或那样的不公平，当你认为自己遇到了不公平的待遇时，先不要发牢骚抱怨，而要冷静下来，想想到底问题出在哪里，找到问题的症结所在，然后寻求解决问题的方法。也许问题的症结就在自己身上，如果不改变自身的缺点，无论你走到哪里，都不会受欢迎。

也许有些人确实在公司得到不公正的待遇，或者承受了巨大的压力，但是这些都不能成为无休止抱怨的理由。面对困境，抱怨是无济于事的，只有通过努力才能改善自己的处境。许多成功的人就是在克服困难的过程中，形成了高尚的品格。

人在遭遇不公正待遇时，心里通常会产生种种怨恨情结，甚至会采取一些消极对抗的行为来逃避内心不公平的感觉。但如果从另外一个角度，用一种豁达大度的心态来对待这种不公正，就会将这种不公正当成对成功者的一种考验。

不要抱怨老板对你不公平，要想得到别人的肯定，就要靠自己的实力去实现。打铁还要自身硬。要想用实力证明自己，你就得练就真正的实力。与其毫无意义地抱怨和唠叨，不如去寻找那些值得欣赏的东西。

不要总是心存不满，抱怨是进步的最大敌人，没有能力的人才会抱怨，一味地抱怨解决不了任何问题。心理专家建议人们，把苦恼、不幸、痛苦等当做是人生不可避免的一部分。在工作中遇到问题时，如果只有你能对问题提出两个以上的解决方案，人们就会对你刮目相看。要想在社会上出人头地，走向成功，只有放弃抱怨，积极努力，才能彻底改变自己的人生！

没有一种生活是完美的，也没有一种生活会让一个人完全满意。我们不能做到坚决不抱怨，但我们能做到让自己少一些抱怨，而多一些积极的心态去努力进取。如果一个人把抱怨当成了习惯，就像搬起石头砸自己的脚，于人无益，于己不利。不要把时间浪费在抱怨上，怨天尤人是帮不了你的，只有用心去思考，踏实去工作，才能得到你想要的结果。

摒除拖延性格，让自己立即行动

从0到1的距离，常常大于从1到1000的距离。许多人之所以不成功，往往由于他们在门外徘徊得太久。

凡事只有动手去做，才能得到自己想拥有的结果，在“想要”和“得到”中间只有两个字，就是“做到”。仅仅有想法而不行动，是达不到目的的。动手去做，永远比言语的说教更有影响力，更能使人信服。

一粒种子，如果总在手里掂来掂去，没有机会播到泥土里，让它生根、开花、结果，那么，最后的结果往往是，种子坏了，再也长不出来了。好的点子、好的创意，如果不付诸行动，永远只是虚幻的梦，要想梦想成真，就要把心动变成行动。犹豫不决，徘徊不前，只会让你的“金点子”慢慢腐烂掉，而永远无法变成“金子”。

很多人思想活跃，有远大的理想。但是，唯一不足的是行动力，他们总是给自己找各种各样的借口而疏于行动，结果机会就在拖延中擦肩而过。著名相声大师马三立说过一段相声《从今天晚上十点钟开始》，把只讲空话而不行动的人的性格形象刻画得淋漓尽致。

无论多么美好的梦想，无论多么完美的计划，如果没有行动，也只能是“水中月”、“镜中花”，永远不会实现。心想事成，这句话本身没有错，但是很多人只是停留在空想的世界里，而不落实到具体的行动中，因此常常是“竹篮子打水一场空”。

许多成功的人之所以取得成功，就是因为他们不仅敢想，更会努力去做。有位哲人说过:“想得好是聪明,计划得好更聪明,做得好才是最好与最聪明。”

有这样一个传说:

在巴山蜀水之地,有两个和尚,其中一个一文不名,另一个则腰缠万贯。有一天,穷和尚踌躇满志地对富和尚说:“我想到南海去,您觉得怎么样?”富和尚用疑惑的眼光打量着他问:“你凭什么去呢?”穷和尚自信地说:“一双脚、一只水壶、一个饭钵就足够了。”富和尚嗤之以鼻,说:“我多年以前就想着要租条船沿着长江顺流而下,至今还没有做到,你什么都没有,怎么能去得了?”

第二年,穷和尚从南海归来了,向富和尚讲述他在南海的种种见闻,富和尚惭愧得无地自容。

坐而言不如起而行,言一尺不如行一寸。与其整天坐在那里,满怀雄心壮志,说得天花乱坠,不如立即行动。

任何计划最终必然要落实到行动上。只有行动才会产生效果,才能缩短自己与目标之间的距离,只有行动才有成功的可能,才能把理想变为现实。做好每件事,既要心动,更要行动。“临渊羡鱼,不如退而结网”,只知空想,不去流汗行动,成功就是一句空话。

有两名学生同时报考某教授的博士生,而教授只能招收其中的一个。教授给他们出了同样的题目,让他们回去做。两个都很优秀的学生同时做完了题目,而且,过程一样精彩,结果也一样正确,简直是难分高下。教授看了看没有说话。

接下来是在现场答辩,教授问了他们同一个问题:题目什么时候开始做的?

其中一个说:“周五下午四点。”

而另一个则回答是第二周周一上午开始的。

教授思考了一下,选择了前面的一个。

另一个觉得很委屈,教授说:“题目是我上周五下午布置的,他是上周五下午四点开始做的，你是周一开始做的。我之所以选择他，是因为我认为一个立刻开始行动的人会更具有竞争力。”

不同的态度产生不同的结果。无论何时，当“立即行动”这个词语从你的脑海里出现时，你就该立即行动了。

无论遇到什么事情，无论你有怎样的计划和梦想，请你现在就付出行动，不要再拖延，不要再犹豫，不要再裹足不前。即使行动失败，也是为自己排除了一条错误的道路。你的每一次行动，都是你在成功的路上迈出的一步，都会缩小你与成功之间的距离。

塞万提斯曾经讲过：“取道于‘等一等’之路，走进去的只能是‘永不’之室。”如果你想实现自己的目标，那么，就得把握当下，立即完成今天的事情。

立刻行动起来，不要有任何迟延。因为，世界上所有的计划都不能帮助你成功，要想实现理想，最重要的是行动。成功的道路有千条万条，但是行动却是每一个成功者都必须要走的一条。

成功者从来都是行动者，并且，他们不会等“明天”再去行动，而是今天、现在就着手去做。他们尽己所能，从第一天开始，不断地失败、努力，再失败、再努力，直至成功。

学会拒绝:培养敢于说“不”的性格

上班族经常会遇到这样的情况,自己的工作已经够忙了,可是总有额外的工作干扰着自己。这些不必要的工作给自己造成了很多麻烦,分散了工作精力。所以,在这种情况下要学会拒绝。

在一个寒冷的夜晚,有个阿拉伯人在自己暖和的帐篷里休息,一会儿,就听见门外有拱门的声音,他走出去看,只见他的骆驼正在外面朝帐篷里张望。

于是阿拉伯人问到:“你怎么了?”

骆驼说:“主人啊,外面实在太冷了。你能让我把头伸到帐篷里来吗?”

阿拉伯人爽快地说:“可以,进来吧。”

于是,骆驼把它的头伸到帐篷里来了。

过了一会儿,骆驼又恳求道:“能让我把脖子也伸进来吗?我的头暖和了,脖子感觉更冷了。”

阿拉伯人想想也是,于是也痛快地答应了。就这样,骆驼把脖子也伸进了帐篷。

又过了一会儿,骆驼在帐篷里不停地把头摇来摇去,它说:“我现在头和脖子在帐篷里面,身体却在外面,这样非常不舒服,你让我把前腿也放到帐篷里来吧,我只占用一小块儿地方。”

阿拉伯人想想,帐篷里倒是还有一点儿地方,挤一挤让它前腿进来也没有关系,就说:“那你就把前腿也放进来吧。”阿拉伯人挪动了一下自己的身体，给骆驼腾出来一块地方，这时，帐篷已经显得有些拥挤了。

谁知，前腿刚刚进来的骆驼马上又说话了："其实我这样站着，帐篷的门都被打开了，这们我们俩都受冻，倒不如我把整个身体的都站到里面来吧。"

还没等主人说话，骆驼的整个身体都钻了进来。

可是帐篷实在是太小了，根本挤不下他们两个。于是骆驼说："看来这个帐篷住不下我们两个，你身材小，就站到外面去吧。这样这个帐篷就可以住得下我了。"

骆驼说着就把主人挤到帐篷外面去了。

这则寓言让我们看到了一个得寸进尺的骆驼，同时也看到了一个不知道如何拒绝的主人。很多人都可能遇到这样的情况。当别人向你提出一些要求时，你总是不好意思拒绝。殊不知，如此一而再再而三地接受别人抛来的要求，总会让你筋疲力尽而无法完成本职工作。这种情况在职场上表现得尤为突出。一些初入职场的人，有时会因为心软，或是碍于面子，对于自己不太情愿的事也勉强答应，结果不仅影响了自己的工作，还累坏了身体，甚至自己被挤出职场的"帐篷"。

身在职场，并不是你一直保持低调、保持谦恭、保持唯唯诺诺就可以赢得别人的欢迎。与同事相处，就好像跳舞，需要有进有退，这样，舞蹈才能跳得好。

美国的肯尼·布兰查德、威廉·奥肯、豪尔·伯罗斯在他们的合著《一分钟经理碰上猴子》一书中提出了"猴子"这个概念，它已成为"接手他人的当然责任"的代名词。

书中通过一个典型事例来解说这个定义：

在走廊里，我遇见了一位下属，他说："老板，我是否可以和您谈一下？因为我遇到了一个问题。"

我是老板，因此，我必须去了解属下的问题，于是我停下脚步听他给我讲他所遇到的问题的来龙去脉。我向来热心于替人解决问题，因此，我听得很认真。当他讲完后，我举起手来看了一下手表，结果发现原以为短短的五分钟时间,居然是半个小时。走廊里的讨论,耽误了我到达目的地的时间。我必须介入此事,但我所获得的资讯并不足以做成任何决策。

于是我说:“这个问题很重要!不过目前我没有足够的时间与你讨论,让我先考虑一下吧!回头再找你谈。”说完,我俩又做各自的事去了。

对于这个现象,书中解释道:

在我们两个人在走廊遇见之前,猴子是在我下属的背上的。就在我们谈话时,由于彼此的互相考虑,此时,猴子的两只脚已经分别搭在我和我的下属两个人的背上。而当我表示“先考虑后再找他”时,猴子的脚便从我下属的背上转移到我的背上了。而这时,我的下属则减轻了30磅的负担,他很轻松地走开了。

现在,让我们假设当时所考虑的问题是我下属工作的一部分,让我们再进一步假设,我的那个下属有能力为他自己提出的问题寻找一些解决方案。倘若事实果真如此,那么,当我允许我下属背上的那只猴子跳到我背上的时候,我就等于是自告奋勇地去做我的下属应该做的两件事:

1. 我把问题的责任从我下属的手上移过来。

2. 我答应我的下属要向他提出进度报告。而一旦我的解决方法不能令他满意,他便会强迫我去做这件原本该他做的事情。

这个世界上到处都是“猴子”,只要挑个你真正关心的即可。让别人照顾他们自己的“猴子”,如果他们自己根本不打算处理,你也不要企图帮助他们来解决问题,别人的“猴子”自有他们自己来照顾,偶尔伸出援手并没有什么不好。但是,如果允许别人的“猴子”在你的背上跳来跳去,那你自己就麻烦了。如果别人的“猴子”正骑在你的背上,你就干脆给他扔下去,猴子自有去处,不用你操心。

身处职场,同事也有可能私底下请你帮忙,偶尔为之并非不可,毕竟,谁都有可能遇到问题和难处,但是,你要让对方清楚,你是卖他一个人情,不能养大他的胃口,该拒绝时,还是要明白地说不。当对方知道你的分寸与底线时,自然就不会再三要求。

而对于上司交代的,不属于你分内的工作,你也要视情况而定。对于自己能力所及的事情,尽最大努力做好,你做了分外的事,而且表现得很好,一般会得到应有的回报。而对于自己能力或精力无法达到的事情,也要跟上司说清楚,取得他的谅解。而不要不管自己能否做得了,就一味答应下来,到时一旦完不成,自己累得筋疲力尽,还会让上司疑心你的能力和工作态度。

在接受他人或上司的委派时,量力而行是极为重要的,给自己加太多额外的压力,结果只能适得其反。在他人面前做一个干活漂亮、办事高效、精力充沛的人,这才是成功的开始。

如果不是不可推脱的事情,就不要接手任何别人推给你的问题或责任,如果你接受所有找上门的问题,你自己分内的工作就很难顺利展开,而这原本是可以避免的。

第4章

XINGGEJUEDINGRENSHENGQUANJI

性格，财富人生的试金石

财富是很多人都在追求的东西，拥有财富是一个人天生的欲望，每个人从步入社会，就不得不为财富而奋斗。但是，财富并不是对谁都有兴趣，它是个看性格行事的怪异者，能否拥有它，还要看你的性格是不是让它喜欢。

好性格让你点石成金

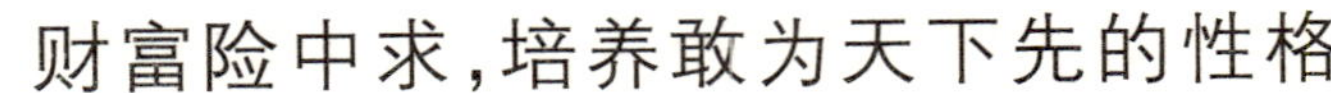

财富险中求，培养敢为天下先的性格

人只有张扬个性，不甘于沉沦，不甘于被环境和社会左右，才能在各种环境中都努力去寻找机会、创造机会。几乎所有行事果断的人都敢于冒险，他们敢于挑战极限，热衷于体验生命的壮观。

不敢去做前人未做过的事，不敢去攀登前人未曾攀登过的高峰，自然也难以体会到冒险的刺激与成功的喜悦。开创性的工作总是充满着风险，只有敢于冒险的人，才能在风险面前毫不畏惧，敢于开拓道路，敢于追求常人不敢追求的目标，才能取得常人无法取得的成就。

1993年，丁磊大学毕业，被分配到了自己的家乡宁波电信局。

20世纪90年代，在工作稳定、收入可靠的电信局工作，是很多人羡慕的。但是，工作两年后，丁磊做出了一个惊人的决定，离开目前的岗位，另觅他处。

不顾父母的反对，他毅然南下广州，加入了广州Sebyse公司。在那里，丁磊感觉自己除了整天安装调试数据库外，也没有什么进步。仅仅干了一年，他就从这家公司跳槽出来，投入到了另外一家很小的公司。没过多久，他又从这家小公司跑了出来。不过，这次他把目光投向了自己，他要自己创业。

1997年5月，他靠着自己写程序积攒下来的钱，又跟朋友借了一些，在广州创办了一家网络公司，并把它发展成了中国第一家门户网站。

其实，早在宁波电信局两年的工作中，丁磊有了他最大的收获——他在那里学会了Unix和电信业务。他说："我几乎天天晚上12点才离开单位，因为单位有装Unix系统的电脑。"网易后来的成功和他那么早就掌握了Unix的精华是分不开的。

在那两年的时间里，他还知道了BBS，登录了Internet，在Internet上见了世面，这些都为他后来的创业打下了基础。

2000年，他的公司在纳斯达克上市；2001年，他的公司涉嫌财务欺诈，被纳斯达克调查；2002年，他的股票狂跌，网络泡沫几乎让他的股价变得一文不值。

但是，天生敢于冒险和不怕失败的性格，让他坚信，只要经营好自己，就可以经营好整个人生。

此后不久，他公司的股票一路狂涨，他也成了福布斯杂志公布的中国第一富豪。他，就是网易的创始人兼首席架构设计师——丁磊。当时，他拥有的财富超过了70亿元。

敢于走进某些禁区的人，才能采摘到丰硕的果实；勇于打破条条框框，敢为天下先的精神才是开拓者的风貌。做出与众不同的选择，勇闯禁区，你就会有意想不到的收获。

世界上没有万无一失的事，在面临选择、机遇、困惑的时候，要做出决断，就必须承担一定的风险。

如果你只想过芸芸众生般的生活，你可以维持现状；但如果你想过好的生活，就要敢于挑战极限，敢于冒险，争取每个改变命运的机会。

敢于冒险，敢作敢为，是杰出人物身上重要的性格特征。冒险和成功常常是相伴在一起的一对伴侣,在市场经济的背景下,冒险精神更为竞争所必需。

对于开拓事业的人,经营上的逆境随时都会出现,没有谁一帆风顺地发财的。要经营制胜,就必须敢于冒险,敢于创新,否则就会寸步难行。

阎士杰是一个白手起家的企业家。他的财富之路走得异常坎坷。但是,也正是由于他在一次又一次的坎坷中具备敢于冒险的精神,才使得他最终走向成功。

20世纪90年代初,房地产业遽然升温,全国房地产大热。一时间,数不清的公司纷纷圈地建房,惊人的风险中也藏着惊人的利润。阎士杰也看到了这一商机,果断地走出他曾经成功的装饰行业,进军房地产。

正如风险中存在机会一样,惊人的利润背后,同时也随时存在着不可预料的风险。1994年,在银根日趋紧缩的大氛围中,阎士杰看好的一块黄金宝地办完征地手续,可是,当他交完各种税费后发现贷不来款,手里也已经没有分文,眼看着精心策划的项目马上就要付之东流,阎士杰心急如焚,难道天不助自己,非要让自己败走麦城?

急中生智,就在一个偶然的机会中,阎士杰发现了一个天机:在当时农村,银行存入的年息是4%左右,而当时开发商贷款的年息是12%,也就是说,这里面存在着一个8%的利息差。阎士杰巧妙地利用了这一利息差,神不知鬼不觉地让自己死里逃生。只这一次对利息差的发现,就让阎士杰节省了800万元的现金投入。险胜的一招,让他起死回生。

1996年,阎士杰以一块离城市最近、车流量最多的通往高速公路的地块作为目标,通过三个月的运作,以四百多万元的价格拿下了这块地。六个月后,高速路通车,周边地价暴涨,这个时候,阎士杰抓住机会,把这块地抛出,赢利竟达一千多万。

作为曾经的艺术家,阎士杰有着艺术家的锐利和灵敏的眼光。作为后来的企业家,他更有着企业家所具有的果敢和冒险的性格,也正是这种性格,使他义无反顾地投身房地产大潮中,并帮助他攫取了巨额的财富。

就像阎士杰一样,许多白手起家的巨富,虽然他们从事的行业及赚钱的方法、手段不尽相同,但他们都有敢于冒险的性格,他们有着强烈的成功欲望,有着一颗不甘平庸的心,这让他们敢于去冒险,让他们觉得值得去冒险。

上帝赐给每一个人的机遇都一样,然而就像美丽的玫瑰花总带刺一样,机遇也总是伴随着风险而来。没有冒险精神的人,很难得到机遇的青睐。

为别人所不敢为,你就有可能成为强者,成为幸运儿。幸运会使人产生勇气,反过来勇气也会帮助你得到好运。

商家的法则就是冒险越大,赚钱越多,特别是对于一个前人尚未涉足的市场领域,作为开拓者,就更要冒风险。富人都是这样的冒险家,或者应该叫“风险管理者”。机会来临时,他们会毫不犹豫,果断出击。因为他们知道,机不可失,时不再来。

当一次“风险管理者”,说不定你就会一鸣惊人!

当然,冒险不等于不分清情况就莽撞行事,不等于一意孤行。有冒险的精神,同时还需谨慎的态度,有了谨慎的态度,跌跤的可能性肯定会少一些。冒险家绝不是那种头脑简单、莽莽撞撞、到处乱闯的鲁莽无谋的莽夫,而应该是胆大心细、有勇有谋的杰出人才。

诚信性格，让财富不请自来

“志不强者智不达，言不信者行不果”，做人当以诚为本，以信为基，人才能做得踏实，事才能做得顺心。诚信是不动心机的心机，是无形而利比金石的力量。

生活中最值得信赖的，是诚实和守信的人。这种品质会赢得人们的尊重，如果人们把他看做一个可信的人，他的成功就有了保障，值得信赖是赢得人类尊重和信任的前提。

人本主义心理学家马斯洛说过，安全需要仅次于生理需要，是人的基本需要的一方面。同时，由于生理需要是一种对人际关系依赖程度很小的需要，更显示出安全感在人际交往中的重要位置。一个不能给人带来安全感的人，无论他在其他方面是多么优秀，都不容易被人接受。反过来，一个人，即使他暂时没有太强的资本和能力做支撑，但是，仅凭他的诚信，就足以能给人带来安全感，让人信赖他了。

中国人传统上就崇尚仁、义、礼、智、信。信是立世之本，凡事应该以信誉为基础，只有具备了信誉这一良好的资本，你才能被人信赖，才能在办事时游刃有余，有更大的发挥空间。

古代东汉许慎的《说文解字》一书把“信”和“诚”互为解释，诚信不能分离。诚挚待人，就能严守信义。诚信之人，会使人对其产生敬意，愿意与其合作。

诚信是人类最重要、最优秀的品格，是无形、无价的资源。据美国的一本名为《百万富翁的智慧》的书中介绍，对美国上千位百万富翁的调查结果表明，成功的秘诀在于诚实、有自我约束力、善于与人相处、勤奋和有贤内助，其中诚信被摆在了第一位。

有这样一个美国人，父亲早逝，留下了一堆债务。这个人拜访了所有的债主，保证父亲留下的债务分文不少地还掉，只希望能够宽限一段时间。后来他竟然用了20年时间，把父亲留下的债务，连本带息全部还清了。周围的人都非常感动，知道他是一个诚信之人，也都非常愿意和他做生意。从此，他的生意越做越大，成了远近闻名的商人。

信誉就是财富，而且是不断增值的财富。它会给你带来更多的机会和更好的运气，使你的金钱不断增加。

忠诚、守信的人不会吃亏，忠诚、守信能帮助你的人生之舟在波涛汹涌的大海上移步航行，能让你得到更多成功的机会。

IBM能够成为世界上最大的计算机制造公司，其最大的成功秘籍就是诚信。公司从顾客的需要出发，为顾客创造良好的售后服务条件。他们向顾客许诺：服务肯定会在顾客提出要求后的24小时之内完成。

有一次，一家使用IBM计算机的公司打来长途电话，请求该公司立即派人前去帮助修理计算机出现的故障。但是，这家用户地处偏远的山区，靠一般的交通工具需要花费两天的时间才能到达，为了信守承诺，及时帮助顾客排忧解难，维护公司的声誉，经过短时间的研究之后，公司维修人员毅然踏上了直升机，及时赶到了用户所在地，为用户顺利地排除了故障，并对用户表示了歉意。这家客户大为感动，从此，再有计算机方面的需要，一定是非IBM莫属了。优质的服务和信守承诺的品质，使IBM公司在世界计算机销售领域中独占鳌头。

得到诚信很难，失去诚信却很容易。诚信是维持长期市场资本的基本前提。没有诚信，企业根本不可能建立市场资本，而市场资本是企业可持续发展的平台。

20世纪90年代初，我国有些商人给俄罗斯市场运送了大量的生活用品，因为价格低廉，质量不错，吸引了大量的俄罗斯人前来购买。然而，随着经营活动的快速发展，有些投机者却动起了歪脑筋。他们以次充好，以假乱真，把人造革的皮夹克当真皮的卖，这样的事情被发现后，在俄罗斯引发了一场抵制中国货的运动，至使在俄的中国商人失去了自己的信誉。

戴尔·卡耐基曾经说过："任何人的信用，如果要把它断送了都不需要多长时间。"就算你是一个极谨慎的人，仅仅因为偶尔忽略，好的名誉都可能立刻被毁损。

良好的信誉中往往潜藏着无限的商机，讲求信誉就意味着寻求和掌握新的机遇。在芝加哥大火后，成千上万因此而倾家荡产的商人，却仍然能够迅速地东山再起。原因就是，他们有原来的诚信做资本，诚实信用就是他们的银行账户，就是他们的无形储蓄。

诚实是一条自然法则，就像万有引力定律不可违背一样，诚实的定律也是不可违背的。违背的结果就是受到不可逃脱的惩罚。一些不诚实的人或许可以暂时逃避，但是，最终都会受到惩罚。

沉稳性格，临危不乱乃成功之道

在市场经济的大潮中，经营者一旦走入市场，都想发家致富、赚钱发财，但变幻莫测的经济市场上，任何经营者都不可能总是一帆风顺，总有失败的时候。

当失败不期而至时，有些人马上慌了手脚，乱中添乱犹如雪上加霜，结果导致更大的失败。危机与失败对人的心理冲击是很强烈的，任何时候，我们都要有失败的心理准备。

败军之将，也可以言勇。一旦面临危机、遭受失败，无论影响有多么严重，都要正视现实，以自己的安定、镇静来应付竞争对手的喧哗和失败的打击。临危不乱是一种很高明的谋略。

在印度的一家豪华餐厅里，有一天突然钻进一条毒蛇。当这条毒蛇从餐桌下游爬到一位女士的脚背上时，女士大吃一惊，但她很快镇静了下来，她压制着自己的惊恐，一动不动地让那条蛇爬了过去。然后她叫身边的侍者端来一盆牛奶放到了开着玻璃门的阳台上。

一起用餐的一位男士见此情景大吃一惊，他意识到餐厅中有蛇，因为在印度，把牛奶放在阳台上，只能是引诱毒蛇用的。他抬眼向房间四周搜寻，都没有发现。于是，他断定蛇肯定在桌子下面。但是，他也一样没有惊叫，也没有警告大家注意毒蛇，而是沉着冷静地对大家说：“我和大家打个赌，考一考大家的自制力。我数300下，这期间你们如能做到一动不动，我将输给你们每人50比索。否则，谁动了，谁就输掉了这50比索。”

这引起了大家的兴趣，于是人们纷纷一动不动地听着他数数，当他数到280时，一条眼镜蛇向着阳台那盆牛奶爬去。他迅速扑过去，把眼镜蛇关在了玻璃门外。

客人们见此情景都惊呼起来，人们一下子明白了男士做游戏的缘由，纷纷夸赞这位男士的冷静与智慧。但男士却笑笑，指着那位女士说：“她才是最沉着机智的人。”

在人类开创事业的过程中，镇静也是如此重要。商业是一项充满风险的事业，在经营事业的过程中，事事如意、样样顺心的情况是很少的，人们遭遇更多的是困难和逆境。这时，只有处变不惊，冷静处理，才能化险为夷，转危为安。否则，只能会乱中添乱，终至一败不起。

龚如心是香港华懋集团前主席王德辉的妻子，后来则是华懋集团的当家人。

在最开始，华懋远没有今天这样丰厚的资金和世界性的盛誉，从华懋的发展历史和成长轨迹，我们可以看到一个女性在危急时刻力挽狂澜的魄力和处变不惊、沉稳大气的性格。

龚如心生于上海，18岁时嫁给了王德辉，她与丈夫王德辉属于青梅竹马。王德辉祖籍浙江温州，后随父亲到香港读书，中学毕业后，到父亲的华懋公司做事。

1965年，华懋由王德辉掌舵。为了协助丈夫王德辉发展华懋，在商场上助丈夫一臂之力，学历上并不出色的龚如心特地跑到自家附近的学校专修英文。

在创业过程中，夫妇俩勤奋努力、事必躬亲，很快，华懋就成了世界有名的大公司。

在协助丈夫经营华懋的过程中，龚如心充分发挥了自己的潜能，主动把握市场动向，和王德辉一起做决策，并逐渐形成自己独有的经营风格。很快,华懋就在他们手中成为地产巨头。

王德辉、龚如心夫妇生活作风一直都很低调,但他们的巨额财产还是引起了绑匪的注意。

1983 年年初,夫妻二人同时被绑架,绑匪拿到赎金后把他们放回。1990 年,王德辉第二次被绑票,龚如心在交付完绑匪要求的 6000 万美元的赎金后,却没能换回丈夫。龚如心在丈夫失踪的悲痛之中,还必须承担起华懋的全部生意,一身肩负决策重任。

龚如心接手华懋,人们却不能不对龚如心持怀疑态度:《资本家》杂志曾这样形容她:“在上海出生的龚如心,身高仅 5 尺,穿着银光闪闪的短裙,发上结了两条辫,活像蹦蹦跳跳地赶往商场的时髦少女。”这样一位看起来像邻家小妹一样的女孩,能管理好一家大型公司吗?

面对众人的置疑,龚如心没有说太多,而是用自己的行动做了一个有力的说明。其中的几个大手笔,让曾经置疑她的人都不得不对她刮目相看。

1993 年,龚如心花 3000 万英镑买下英国切尔斯菲尔德房地产公司 14% 的股票,这也是她最成功的一笔投资,这笔投资不久后便增值到了 1 亿英镑以上。1996 年,龚如心成为切尔斯菲尔德的董事。

1994 年开始,龚如心不断收购物业,其中一个大手笔是她斥资 40 亿港元,收购了香港中区多栋商厦,成为中环女地王。

自 1990 年 4 月龚如心接手华懋,至 2006 年的 16 年间,华懋的资产翻了好几倍。

从一个穿着迷你裙和 T 恤的蹦蹦跳跳的邻家小妹,到一位叱咤商场、呼风唤雨的商场女精英,龚如心经历了艰难和困境,同时,也显示了她沉稳坚毅、处变不惊的大气魄。在丈夫被绑失踪的痛苦中,在众人不信任的压力下,龚如心以一个小女人柔弱的肩膀,挑起了华懋这个重担,并把它发展壮大,足以看出她作为一个企业家沉稳冷静的大胸怀大气魄。

心理学家分析,人在遭受挫折打击的时候,常见的心理包括震惊、恐惧、愤怒、羞耻、绝望等。这些心理都会给我们带来负面的影响，让我们更慌乱、更无助。因此，当我们身处困境，遭遇挫折时，必须要有临危不乱，处变不惊的沉稳和冷静。在身处逆境之际，能经得起暴风雨的袭击，才能重整旗鼓，东山再起。

古人云“安静则治，暴疾则乱”。面对危机，最重要的是要保持沉着冷静，处变不惊。如果心里先慌了，那么行动必然要乱。只有冷静沉着，才有可能思考出对策，转危为安。

不断创新，永远走在市场的前列

每个人都是希望成功，都喜欢学别人的东西。但是，跟随者只是跟着别人的脚步走，没有往前的意识，没有创新的脚步。别人的东西并不一定适合你，而且，别人成功的案例，只能代表当时的时代和环境，拿到你手上的时候，或许已经不适应于当前的环境了。

想要在生意场上战胜对手，就要与众不同。这是一个讲究创造意识的社会，缺乏创造力就只能步他人后尘。

1998年，诺基亚击败了摩托罗拉，成为全世界最大的手机制造商，其手机销售额一度占全球手机销售额的70%左右。诺基亚公司成功的一大重要因素，就是在手机设计上投入了巨额的金钱、人力、时间，锐意创新。当竞争对手还在聘请工程师生产手机的时候，诺基亚已经开始着手于聘请市场推广专家、社会学家和时装设计师，针对不同的用户设计独特的手机了。

只有最新的东西才能激起大家的兴趣，如果任凭竞争对手在产品和工艺创新方面远远超过自己，那么你自己的东西离退市也就不远了。

要想成就事业，就必须创新，否则只能是死路一条。不是生就是死的预期，会强有力地激发出丰富的想象力。

社会就是这样，只有大家互相追赶，不断创新，社会才能不断地进步。身处商场，不可能永远靠着一个产品来占据市场，要学会创新，敢于创新，也许创新要花掉很多时间和金钱，但是收益却更大。比对手早一步看到市场的前景，创造出新的产品，就有可能在比对方早十步的距离打败竞争对手。

打破旧的思维方式，适应新的场景。敢于把原来成功的自己否掉，敢于把自己已经老旧的思维打破，这样的生意才能做得长久，做得到位。

时代在前进，一切都在变换，人们的思维水平也要跟随时代变化。要敢于否定自己以前的做法、想法，改变过去的老路子，用一种新的思维方式，找出一条新的道路来。

张若玫，一位拥有无比超前意识的华裔女性。她从一个靠每月125美元奖学金在美留学的女孩，到成为华尔街交易模式的划时代变革者；从一位默默无闻的软件研究员，变成世界创新权威……

张若玫一直在美国创业，30年的时间，她的思维方式也受到了美国人的很大影响。她相信女人与男人一样是优秀的。

1974年，张若玫从大学毕业，同一年，进入美国普渡大学读数据库系统管理博士。

26岁时，张若玫博士毕业，进入贝尔实验室做研究员。并且，在这里一待就是五年。在这里，她每天要面对世界顶尖的研究学者，在感到自豪和庆幸的同时，也不时有一种战战兢兢的心理，只怕自己有什么做得不好的地方，因此，对于自己的想法也不敢太过张扬。直到听了贝尔实验室的副总裁——诺贝尔奖获得者潘兹亚斯的一次内部演讲，她才终于有了自己新的工作方式。

潘兹亚斯在演讲中以自身的经验对新来的研究员说："不要墨守成规。"这句话也成为影响张若玫最深的一句话。

从那以后，张若玫不再遮掩自己心里的想法，开始了她大胆的探索与研究生涯。不久，她发表了专利"高稳定度多任务传输协议"，这项专利成为当时推动数据库与分布式系统的重要技术。

在贝尔实验室度过五年之后，她于1984年进入硅谷，加入SUN公司，成为网络档案系统研究小组成员。在SUN，她与科技界称之为"JAVA之父"，有"科技天才"之称的派屈克·诺顿比邻而坐。在那里，她学到了最新的网络技术的开发。

1986年3月,SUN上市成功,张若玫心中隐然升起自己出来创业的念头。于是,她便与丈夫一起离开了SUN,和几个人共同创办Teknekron。这是她第一次创业,也是由科技人员转型为商人的第一个阶段。这一年,她42岁。

1994年,路透社以1.25亿美元买下Teknekron,为张若玫和她的丈夫提供了第二次创业的机会。

凭借敏锐的观察力和判断力,张若玫洞察到企业应用集成方面潜伏着巨大市场需求。1994年,她与丈夫创立了远创科技公司,为用户提供行业领先的业务流程整合服务。

1997年11月,远创替联邦快递开发了整合企业、策略伙伴、客户之间关系的应用软件。后来,这项技术的应用,彻底改变了整个金融界的交易方式,改变了全球金融市场的资讯传输方式,使华尔街金融交易方式有了划时代的变革。

1998年初,他们推出的电子商务软件,获得很多大型通讯公司的认可,轰动了整个通信市场。

1999年9月,远创股票上市,第一天股价就由16美元飙升到48美元,股价翻了三倍。

张若玫说:“在天真和勇敢之间只是一线之分,成功有时候需要有勇气做别人看起来不太聪明的事情。”张若玫的成功,正是源于她这种有勇气做别人不敢做的事情的精神,这种永不墨守成规的创新性格与进取精神。

在生活和工作中,很多人之所以没有创新精神,就是因为他们对过去的经验和阅历过于注重,形成了思维定式。一旦遇到问题,由于思维的惯性,让人们很难走出固有的条条框框,自然就难以创新,也就难以取得成功。

果敢性格，魄力可以创造奇迹

所谓果敢，就是在遇到事情的时候，可以迅速果断地做出判断和决定，并勇敢地承担起由此引起的一切后果和责任。但凡具有果敢性格的人，往往都是有魄力的人，在遇到事情时往往选择自己动手、独立思考，他们敢想敢干，敢作敢为，敢于为自己的行为负责，敢于在危急时刻力挽狂澜，他们是拥有人生大智慧的人。

通常情况下，成功人士往往能够迅速对某件事情做出判定，并且不会经常变动；而那些很难成功的人在做决断时，却往往需要思虑再三，顾忌这里也顾忌那里，很多时候，在他们徘徊犹豫间，机会就已经溜走了。并且这些人即使很快做出了决断，也会经常变动决断的内容。甚至有一小部分人，从来就不敢做任何重要的决定，他们从来不能完全按照自己的思想意志行事，更不要说成功了。

德国诗人、剧作家、思想家歌德曾激励年轻人："要想走向成功，就要想到做到，毫不踌躇。"犹豫不决的人抓不住任何东西，只有果敢的人，才会不断取得一个又一个成功，他们的财富之路也走得轻快而顺畅。

日本松下电器公司董事长松下幸之助早年曾在大阪电灯公司工作。为了实现自己改进电灯灯头的构想，他不惜倾资从事改良的工作，并成立了松下电器公司。

公司成立不久，经济危机就席卷而来。如何才能使公司摆脱困境、转危为安？

松下幸之助权衡再三，终于果断而决绝地做出了一个大胆的决定：拿出1万个电灯泡作为宣传之用，以期打开灯泡的销路。而灯泡必须备有电源，因此，他亲自去拜访冈田干电池公司的董事长，希望双方合作进行产品的宣传，并免费赠送1万个干电池。

冈田先生是日本干电池制造业的先驱，那个时候，冈田先生和他的太太以难以言表的辛劳和苦心成功地研制出了干电池。而冈田先生制造出的干电池和松下制造的汽车照明灯刚好可以配合使用，这样，松下和冈田就开始在生意上有了往来。

当时冈田先生创建的冈田干电池公司已经有十几年的历史了，而且小有名气，在东京还有大工厂，而松下的事业却刚刚起步。当松下跟冈田说，为了推广一种新型照明灯的使用，希望他能提供一种新型的干电池来配合，冈田先生很爽快地就同意了松下的提议。而这时，松下接着又提出了一个新的想法："冈田先生，关于这件事，您能不能免费提供给我1万个干电池呢？"

之前一直在喝酒的冈田听到这句话后十分惊讶，他盯着松下的脸，什么话也没说。这时一直在旁边的老板娘开口了："松下先生，我不太明白您的意思，您可不可以再说一遍呢？"于是松下说出了他的理由："冈田先生，我的意思是说，最近我发明了一种角型照明灯，它的试用效果特别好，既然是这么实用，我想尽早把它推广开来。而且看起来它确实很有发展潜力，与其一个个地慢慢卖，还不如将这1万个当做样品分发出去。因此，我真诚地希望您能配合我，提供干电池。"

"您说什么，1万个，而且是免费的？"老板娘满脸的紧张。这个时候，冈田先生终于开口了："松下先生，您不认为您是在胡闹吗？"于是松下给他做进一步的说明："难怪您会感到惊讶，但是对于我自己的做法我很有自信，不管怎么样，我已经下定决心这么做了。我不会毫无缘由地白拿您1万个干电池，我们可以先来谈一下条件，现在是4月份，我保证一年之内把20万个干电池卖出去，所以请您先送给我1万个。倘若您同意遵守我们的约定，现在我就把这1万个免费的干电池装进照明灯里作为样品寄到各个阶层。”冈田先生又说：“您这个想法的确是挺伟大的，但假如卖不了20万个，你打算怎么办呢？”松下回答道：“如果卖不掉的话，您就按规矩收钱，这算是我个人的亏损，也是没有办法的事情。但是我一定要按照我的计划做下去。”

松下接着跟他们解释说：“现在我30岁，正值年轻呢，不管怎样我都会拼命努力，无论是开发新产品还是做买卖，我都一直在思考怎样才能做到最好，现在终于找到这个答案了，这才来请求冈田先生帮忙。”松下说得特别认真、热情、坦率，让冈田先生感觉到作为一个年轻人的确应该这样做，也应该有这种气魄，冈田先生露出了笑脸：“打从我做生意以来，还从未见到过像您这样谈交易的。那好吧，您若是能够在一年之内卖掉20万个，这1万个我就免费送给您，好好干吧。”他激励着松下。松下受到冈田先生的鼓励，马上就展开了行动。他开始持续免费提供样本，寄往实际需要的市场进行试用。

当寄出接近1000个样本的时候，就开始有人来定购了，这使得原本是作为样本的产品也充数卖掉了。这样，刚到12月，就突破了与冈田先生约好的20万个干电池的销售。

让别人给自己免费提供1万个干电池，这一提议，让一向豪爽的冈田也大吃一惊，因为对于刚刚创办、家底不厚的松下电器公司来说，1万个电灯泡更是个不小的数目。用1万个电灯泡做宣传，显然是一种违背常理的冒险。

但是，松下诚挚、果敢的态度，勇于决断、不推卸责任的魄力，成功地征服了冈田先生，从而使双方能够顺利地合作，并且都能从中获得利益。正是因为这件事，很少特意去拜访别人的冈田先生还专门拜访过松下，向他表示自己的谢意。

果敢，是一种性格，也是一种气质，果敢更是一种意境，只有果敢行事、当机立断的人，才会让人钦佩、信赖。果敢是一种魄力，有了这种魄力，你就会像松下幸之助那样创造出奇迹。

驰骋商场要不得的坏性格

怯懦性格，是成就事业的大敌

怯懦指胆怯、怕事、懦弱、拘谨的人格表现。性格怯懦的人往往表现得软弱无能、畏避退缩，他们做事缺乏勇气、害怕困难，在人际交往中，往往因自我封闭而导致不良的人际关系，怯懦属于人格表现缺陷方面的心理问题。

怯懦的人通常大多害怕困难，害怕挫折，害怕交际。具有怯懦人格表现的人，缺乏交往处事的主动性，他们在与人交往时，常常会不由自主地约束自己的言行，神态也会显得极不自然，在交谈时，怯懦的人常常无法充分表达自己的思想和感情，从而影响与人建立正常的关系。

怯懦的人害怕压力与竞争。他们不习惯迎接挑战，因而常常害怕机遇。他们总是在机遇中看到忧患，而在真正的忧患中，却又看不到机遇。

怯懦通常是恐惧的伴侣，恐惧更进一步加强了怯懦。总是担惊受怕的人，常常会被各种各样的恐惧、忧虑包围着，看不到前面的路，更看不到前方的风景。

法国文学家蒙田说:“谁害怕受苦,谁就已经因为害怕而在受苦了。”

怯懦性格的人往往意志薄弱,个性软弱。他们往往行动拘谨,容易逆来顺受和屈从他人。怯懦的人在对手面前,往往不善于坚持,而选择回避或屈服。怯懦的人并非不重视自己的自尊,但他们常常更愿意用屈辱来换回安宁。

怯懦的人经常自怜、自卑,在他们心中没有生活的高贵之处。

性格怯懦的人遇事容易退缩,他们不愿冒半点风险,遇到困难时会惊慌失措,不知如何是好,受到挫折则会觉得自己无地自容。在处理具体事务时,他们过于谨小慎微,没有十分把握绝不冒险,遇到难题能避则避,没有自己的主见,喜欢按他人的意愿办事,害怕承担责任和受别人非议。

性格怯懦的人,做事总是担心别人耻笑,担心自己要说的别人都懂,他们因为爱面子而不敢越雷池半步。怯懦的人常常会遭到嘲笑,而遭到嘲笑,会让怯懦的人变得更加怯懦。

怯懦的性格有时候会被误认为是谦虚或是害羞,因此有时怯懦也会被当做一种优良的品德,也正是这种品德,扼杀了很多好的想法、好的建议,也为怯懦者自己拒绝了无数好的机会。其实,你大可不必怕人笑话,更不能将好不容易涌现出来的构想埋没于心中。只有这样,你才有机会表达自己的想法,才有机会表现自己,从而最终获得成功。

文学巨匠莎士比亚曾说过:“这种踌躇和犹豫其实是对自己的背叛。当幸运之神来到眼前而不抓住,那是没有第二次机会的。如果遇事连试都不敢试,那他一生都不会与幸运有缘。”

对于胆怯而又犹疑不决的人来说,一切都是不可能的。

怯懦是性格的一大缺陷,但就如任何其他的病症或者缺陷一样,怯懦也是可以克服和治疗的。

大文豪萧伯纳小时候就曾经是个怯懦的人,有这样一段关于他的逸事:

还在上学的时候,萧伯纳有事情要找校长谈,他来到校长室门前,想敲门进去,手刚刚举起又放了下来,犹豫了一阵,还是走了回去。但是,没走几步，他又折了回来，并在心中暗暗下决心：这次一定要进去！可是，真到举起手来的时候，他就又失去了勇气。就这样，他在校长室门前徘徊了三十多分钟，才鼓足勇气敲响了校长室的门。

后来，他下决心要从怯懦中自拔出来，他试着在众人面前讲话。开始他有些语无伦次，甚至会全身发抖，但是，慢慢的，他有意识地摆出一副自信的样子，不断延长自己的讲话时间。终于从怯懦中一步步走出来，成为具有坚定信念和充满自信力的人。

如果自己有怯懦的性格，或者性格中有一些怯懦的因素，可以从自身心态进行调整，在日常生活中多进行自我训练，就不难克服怯懦心理。有这样一些克服怯懦性格的方法：

(1)与别人谈话时，盯住对方的鼻梁，让人感到你在正视他的眼睛。

(2)径直迎着对方走上前去。

(3)开口说话时，要尽量声音洪亮，结束时也要强而有力。

(4)学会适时地保持沉默，来迫使对方讲话。

(5)会见陌生人之前，先列一张话题单。

(6)与比自己强的人交往，这样，你会学到很多知识，同时还可观察强者的弱点和缺点，从而增强自己的信心。

(7)胜任本职工作，有能力才会有信心。

怯懦并非无可救药，如果因为知道自己性格怯懦，因为担心别人嘲笑而变得更加犹豫和畏缩，那么，结果会更加糟糕，基至形成恶性循环，就真的无可救药了。

患得患失性格，会错失无数机遇

在生活中，有很多事情需要我们迅速果断地做出决定，但是我们往往在蹉跎中失去了机会！原因不在于我们对事情的本身不理解，而是太过于在意它周围一些细枝末节的东西，也容易被周围人们的闲言碎语所动摇，前怕狼后怕虎、患得患失、瞻前顾后、唯唯诺诺，结果只能因为失去机会而后悔莫及。

一个初学打猎的年轻人跟随师父到山里打猎，没走多远，他就发现了两只兔子突然从树林里跑出来，但是，两只兔子是朝着不同的方向跑去的，年轻猎人取出猎枪，却不知道该瞄准哪一只兔子，就在犹豫之间，两只兔子已经不见了踪影。

鱼和熊掌不可兼得，你必须当机立断，倘若犹豫不决，患得患失，只会错失良机。

我们做出的任何一项选择，都会有所得并且有所失。患得患失、瞻前顾后，往往会丧失就在身边的机会。机会可以说是一位神奇但性格怪僻的天使。它对每一个人都是公平的，但它绝不会无缘无故地降临。坐等成功到来的人，只能眼睁睁地看着机遇擦肩而过。

王奇大学毕业后考上了公务员，在一个党政机关做文秘，但是，不安于现状的他，经常留意报纸上的招聘启事，一心寻找更好的发展机会。

一次，一家新创办的报纸招聘记者，王奇偷偷跑去报考，结果竟一举考中。报社的领导对王奇各方面条件都非常满意，决定聘用他，让他尽快办理调动手续。

但是，当他得知记者实行的是聘用制以后，却开始动摇了。自己捧的是铁饭碗，当了记者如果干不好被辞退了怎么办？辞掉了工作就等于没有了退路，思量再三，他还是推掉了记者的工作，继续做他的公务员。

几年后，他的几个朋友下海创业，再次邀请他加盟，他也再一次动了心。但是权衡半天，他最终还是没有勇气放弃稳定的工作。

时间过得很快，一晃几年过去了，当时一起报考报社的朋友都已经成了颇有知名度的记者，而后来下海创业的朋友也大多拥有了自己的公司和数目可观的资产。而王奇依然做着他的公务员，文秘工作不是他的兴趣所在，所以一直也没有做出什么成绩来，始终高不成低不就。虽然工资勉强可以养家糊口，但是说到好房好车，就很吃力了。看着朋友一个个风光起来，王奇的危机感与日俱增，他的心有些按捺不住，也曾想再换个环境拼搏一把，但是，他也明显地感到自己已经没有了年龄和知识上的优势，因此，很难再找新出路了。

其实生活中有很多像王奇这样的人，他们在面对多种选择或一些重要的选择时，会惶恐不安，束手无策。他们不知也不敢做出任何选择，只能在那里犹豫不决，看着机会从自己的手中溜走。

人的一生是由一个个选择构成的，每一个选择都会影响你以后的人生道路。正是因为人们知道自己在某种特定情况下做出的判断的重要性，害怕做出错误的判断，得到错误的结果，也就滋生了犹豫心理的蔓延。

心理学家告诫人们，在需要做出选择时，不应将各种可能的结果单纯地视为对的或错的、好的或坏的，应该只把他们看做不同的道路而已，只要自己勇敢地走下去，每一条路都是正确的，只是其中的坎坷和风景不同罢了。

平息浮躁性格，找准事业方向

做事无恒心、见异思迁、不安分守己、脾气急躁、总想投机取巧、无所事事等都是浮躁的外在表现。浮躁是一种情绪，一种并不可取的生活态度。浮躁者对现有目标的专注度不够、耐心度不足，总是抱有不切实际的想法和希望。

在一些人的心灵深处，总有那么一种力量使他们茫然，让他们无法宁静，这种力量就是浮躁。浮躁不仅是人生最大的敌人，而且还是各种心理疾病的根源。

其实，这种情绪已然渗透到我们的日常生活和工作中，越来越多的人变得浮躁起来。面对浮躁，我们需要做的，就是静下心来，理一理心头烦乱的情绪，用踏实来代替急于求成。

浮躁对我们生活的影响越来越严重，性格浮躁的人，主要有以下几个特点。

心神不宁：面对急剧变化的社会，他们心中没底，对前途没有信心，内心充满困惑和忧虑。

焦躁不安：他们在情绪上表现出一种急躁心态，急功近利。但在竞争中却往往感觉力不从心，显露出一种焦虑不安的心情。

盲动盲从：由于心中不安，情绪取代理智，从而使得行动具有盲目性。行动之前缺乏思考，只是盲目地工作和学习，或者随时模仿和跟从别人，而不去想自己到底需要什么。但是，在这种病态心理下的工作和学习，效率都非常低，成功的可能性也很小。

人浮躁了，就会终日处在又忙又烦的应急状态中，脾气会变得暴躁，神经会越绷越紧，长久下来，就会被生活的急流所挟裹而失去方向。因此，想成就大事者，就要心存高远，更要脚踏实地。

在很多时候，我们需要在心中添把火，以燃起某些希望；而在某些时候，我们需要在心中洒点水，以浇灭某些急于求成的欲望……只要我们能够真正地静下心来，认真地去学习、工作，就会做得比现在好得多。

有这么一个传说：

古时候有这样两兄弟，都很有孝心，他们每日上山砍柴换钱为老母亲治病。

一位神仙为他们的孝心所感动，决定帮助他们。于是告诉他们两个人，可以用四月的小麦、八月的高粱、九月的稻、十月的豆、腊月的雪放在千年泥做成的大缸内密封七七四十九天，待鸡叫三遍后取出，汁水可卖钱。兄弟两人各按神仙教的办法做了一缸。待到四十九天鸡叫二遍时，老大耐不住性子打开缸，一看里面是又臭又酸的水，便生气地洒在地上。老二则坚持到了鸡叫三遍后才揭开缸盖，发现里边是又香又醇的美酒。所以“洒”与“酒”之间，只差了一小横。

中国文化给人的感觉一直是沉稳、含蓄，就如太极拳般心平气和、不急不躁。《论语》里说：“欲速则不达，见小利则大事不成。”但是，当今社会，经济正在高速发展，物质水平不断提高，不少人似乎少了耐心，多了急躁；少了冷静，多了盲目；少了脚踏实地，多了急于求成……在市场经济的大背景下，很少人能按捺住自己欲动的心，守住自己可贵的孤独与寂寞，而变得越发盲目、急躁和一定程度的急功近利。

谭传华以“谭木匠”的梳子，成为一名成功的商人，或者说成功的企业家，他用一把小小的木梳打开了他的商业市场。成功后的谭传华，在成功面前也变得有些膨胀和浮躁。因为浮躁，他有过一次失败的投资，这次“出轨”的投资，就是他把目光转向了电视业。

成功后的谭传华，在几个朋友的怂恿下，决定投资拍摄方言电视剧《爬坡上坎》。在投资了250万元之后，这部电视剧一度给他带来不小的惊喜：那年春节前，多家电视台打电话预订这部电视剧，以至于公司的两部联络电话“都打爆了”。但是，谭传华“明显感觉到以后还会有更大的买家找上门”，他决定再“等一等”。但是，春节过后，公司的两部联络电话却安静得像两个古董，再没有发出任何声音。无奈之下，谭传华以150万元的价格，勉强将这部电视剧卖了出去。这一次，谭传华损失了100万元。

对于谭传华来说，这是一个教训。他意识到了自己的浮躁，经过再三考虑后，他给自己定下了方向，那就是不能走“多元化”的发展道路，而是专注于他的特长。如今，谭木匠加盟店数量已超过了500家，在新加坡、马来西亚等地，也有了他们的加盟店。

其实，成功与失败、平凡与伟大，往往就在等待的一念之间。许多成功人士的重要秘诀也就在于他们将全部的精力、心力放在一个目标之上，而且善于等待。而另外还有一些人虽然很聪明，但心存浮躁，做事不专一，缺乏意志和恒心，到头来只能一事无成。

浮躁，对我们生活的影响越来越严重，这种情绪在人的内心里积存下来，久而久之，逐渐形成了某些人固有的性格，让他们在任何时候、任何环境下都不能平静下来，因而在盲目和冲动的情况下，做出错误的决定，给自己造成更大的精神压力，而让自己越来越急躁，终究形成恶性循环而一发不可收拾。

拒绝保守性格,突破定式思维

在心理学上,定式思维是指人们在认识事物时,由一定的心理活动所形成的某种思维准备状态,影响或决定同类后继思维活动的趋势或形成的现象。在很多时候,人们都会陷入固定思维,不知道随机变化。要打破定式思维,善于根据现在的情况创新,不要被老眼光束缚在老的思想圈子里。

法国科学家约翰·法伯进行过一个著名的毛毛虫试验。他在一只花盆的边缘摆放了一些毛毛虫,让它们首尾相接,围成一圈,与此同时在离花盆几英寸以外的地方放了一些它们最爱吃的松针。由于毛毛虫天生就有跟随者的习性,因此它们一只跟着一只,盲目地跟随着前面的毛毛虫,绕着花盆一圈圈地爬行。这群毛毛虫就这样一小时、一天、两天地兜圈子,连续七天七夜后,终于筋疲力尽而饿死。

法伯在自己的试验总结中写道:在那么多毛毛虫中,如果有一只与众不同,它就能改变命运。

世界上万事万物都有自己的规则,但是,过于沉溺于规则中,就容易形成一种思维定式,固守在一个小圈子里走不出来。所以,我们常常需要突破一下自己,改变一下自己的思维,换一个角度看问题,你会发现,不可能的一切都变成了可能。

思维定式就是思想的习惯,是由过去的感知影响当前感知的一种相对稳定的思维方式。思维定式往往具有强大的惯性和自我封闭性,其影响有利有弊。优良的习惯会提高思维的合理性和效率,不良的习惯往往会成为思维障碍甚至个性缺陷，即如人们常说的“思维惰性”、“思维定式负效应”。

多数情况下，一个人的惯有思维定式容易使人的思维僵化，不利于问题的解决，因此，应注意加以克服。短时间内快速思考，可以激发许多人的思维能力。在短时间内，如果你发现一种思路行不通，就要赶紧变换另一种思路，如此才能迅速找出求解的方法，总钻在一个死胡同里是不对的。

但是，随着知识的丰富、经验的积累，人们往往会变得越来越循规蹈矩，越来越老成持重，于是创造力丧失了，想象力萎缩了。思维定式已经成为人类超越自我的一大障碍。

克服传统思维，独辟蹊径，你就能发现意想不到的答案。灵活的大脑不在于一下子就能想到新奇而正确的答案，而在于能迅速而灵活地变换思路，不断产生新的想法；在于能跳出一贯的思路，用一种新的思维方式去思考，这样就能产生新的、创造性的思维。

某酒店经营状况良好，于是，酒店的老总准备扩大规模，再开一家新店，打算在现有的三个部门经理中物色一位总经理。

老总问第一位部门经理：“是先有鸡还是先有蛋？”

第一位部门经理不假思索地答道：“先有鸡。”

老总接着问第二位部门经理：“是先有鸡还是先有蛋？”

第二位部门经理胸有成竹地答道：“先有蛋。”

这时，老总向最后一位部门经理问道：“你来说说，是先有鸡还是先有蛋？”

第三位部门经理认真地答道：“客人先点鸡，就先有鸡；客人先点蛋，就先有蛋。”

老总笑了。他决定将第三位部门经理任命为新酒店的总经理。

世上的事情有时就这么简单得让人难以置信：如果你墨守成规，等待你的只有失败；相反，如果你稍微动一下脑筋，逆转一下正常的思路，从反面或侧面想问题，则往往能得出一些创新性的设想，就能获得成功。

只有突破传统的思维模式，才能发挥我们身上强大的潜能。要改变僵化的思维定式，需要我们改变观念，不断地学习新知识，并随着形势的发展不断调整和改变自己的行动。不善于改变思维的人，根本不可能找到成功的路径。

很久以来，我们已经习惯了按照固有的思维方式去思考问题，习惯了按照固定的模式去行动，就像习惯了我们不能成功的时候，就承认失败一样。我们能够发现问题，却总是不习惯去全力寻找解决问题的方法。其实，方法就在你的大脑中——那就是创新。只是你没有发现，没有去挖掘，因此，你也就没有成功。

法国作家贝尔纳说："妨碍人们学习的最大障碍，并不是未知的东西，而是已知的东西。"要创新就要打破这些束缚，突破思维定式，在改变中求发展、求进步。

要想取得成功，就一定要勇于打破思维的惯性，跳出思维模型所造成的固定状态，去除常规思维，才能获得常规之外的东西。

用智慧生财,像富人一样思考

有人曾经提出过这样的问题:为什么富人越来越富,穷人越来越穷。经过无数人的研究和调查之后得出的结论是:他们的思维方式不一样。要想成为富人,首先就要改变思维方式,像富人一样思考。

穷人只要选择正确的思维方式并且坚持不懈,就能达到完美的境地,成为富人;如果一味坚持穷思维而不知改变,则只能继续做穷人。犹太人中富人众多,就是由于他们具有富人的思维方式。

真正的富人,往往都有他的过人之处,这些,都来自他睿智的大脑进行的思考。不善于用脑思考的人,永远跟在别人的后面,也就永远成不了富人。

思考,对于富人来说,是一种乐趣,是一种习惯,更是一种财富。

爱思考的人不一定是个富人,但富人一定是一个善于用脑思考的人。因为思考是产生变化的基础,只有通过思考,才可以让一切有所改变。

穷人肯付出力气,却不舍得动动自己的大脑。穷人往往把思考当做一件痛苦的事情或者是自己不能做的事情。穷人因为不善于思考,所以就不能做出改变,也就成不了富人。

从前,有一位财主雇用了一个穷人。一天,财主家里的一匹骆驼死了,财主就对穷人说:"你干活很卖力,这匹骆驼就奖给你吧!"

穷人很高兴,把骆驼拉回自己住的吊角楼,他想着把骆驼皮扒下来,也许能卖个好价钱。于是他找了一把刀就开始干了,但没割几下就觉得刀很钝，于是他上楼去磨刀，然后下来接着割。骆驼皮很厚，所以，他每割几下骆驼皮，就要上楼去磨几下刀，这样来来回回跑了好多次。

财主路过穷人家，把穷人的一举一动都看在了眼里，他说："你这样什么时候才能把骆驼皮全部割下来呢？为什么不用绳子把骆驼吊到楼上去呢？这样你就不用来回跑着磨刀了啊！"

这就是穷人与富人的一个本质区别。面对任何一件事情，富人都会先思考再行动，而穷人却是不经过思考就盲目行动。富人之所以富，是因为他靠脑力做事，而穷人之所以穷，是因为他只靠体力做事。

真正的穷人，不会去思考别人为什么会变成富人，更不会去思考自己为什么会是个穷人。他会把自己穷的原因简单地归结于社会和他人，而不从自身去找原因。

萧伯纳说过："人们在看事物时都视为当然，我则从来不把事物视为当然，而是要问：'为什么我要这样子？'"当我们看到有些人做出不凡的成就时，往往认为他们不是走运便是天生命好，却很少有人会想到那是他善用大脑的结果。

在取得财富的方式上，穷人主要依靠双手和自己的力量取得收入；而富人则运用大脑的智慧，对别人进行管理，运用别人的力量来实现自己的目标。富人要做的只是决策，投资决策、管理决策等，而具体的实施则由穷人来执行。

智慧生财，根本的原因在于聪明的头脑，在于以富人的思维方式思考问题，发现机会，并能迅速通过自己的行为将其转化为财富。

新经济风起云涌，人类大脑的价值也得到了前所未有的肯定。在商业社会，靠智慧获得财富，才是真正获得了成功。

马云是中国第一个对互联网的商业用途进行探索的人，他的B2B为世界各地的商家提供了一个"天涯咫尺"的交易平台，在互联网最寒冷的冬天里，他的阿里巴巴网站是最早宣布赢利的网站之一。

而马云进入互联网世界却是一个偶然的机会。

1995 年初，马云在杭州市与美国某公司合作的一个高速公路投资项目中任英语翻译，在去美国谈判的过程中，他有幸去西雅图的一家公司做调研，在那里，马云第一次接触到了互联网。但是，当他想从网络上找点有关中国的资料时，却发现上面没有任何中文信息。

于是，马云就设想在中国建一个公司，专门做互联网。

马云做的第一个网页就是他自己的海博翻译社，那是一个十分简单的网页。然而，令人意想不到的是，网页挂上去不到 3 个小时，就收到 5 封邮件，马云当时激动得差点跳起来。

马云并不懂网络，甚至对于网络可以称得上“文盲”。但是，马云的智慧却在于他能够敏锐地嗅出互联网是个有前景、有发展的事业，对这一点，他深信不疑。

也就在那时，一个全球首创的 B2B 电子商务模式的创意，就开始了，并且，在众人的反对声中，马云磕磕绊绊地将网站办了起来。

马云的网站办得很辛苦，也很聪明。在科技时代，信息时代，开发互联网的商务用途，绝对是一个绝好的商机，只是，大多数人都没有看到，或者说没有想到，甚至不敢去想。因为，它有一点儿超前，有一点儿冒险。但是，也正是这种超前意识和冒险意识，才是一个成功商人应该具有的性格。也正是这两种意识，显示出马云有着超出常人的智慧。事实充分证明了这一点儿，马云正是凭着他的这种智慧，成就了自己的事业，也为自己赢得了巨大的财富。

思维既可以作为武器摧毁自己，也能作为利器，开创一片无限快乐的新天地。

用智慧赚钱等于“钱生钱”，能够让你财富积累的速度更快。穷人的财富都掌握在富人手中，自己只不过是富人积累财富的人力资本。

冒险性格，不冒险才有危险

中国几千年的封建历史造就了很多中国人自甘平庸、安于现状的性格。但是，在与国际接轨的现代社会，在国际化程度越来越强的都市中，在商业化模式运作的市场经济情况下，安于现状就等于安于贫穷，甚至是自取灭亡。

在这样的社会里，安于现状、不思进取是永远不会前进的，成功的机遇往往最青睐敢于冒险的人。因为，风险常常是与机遇之神结伴同行的，我们必须要有一种冒险精神，才能够抓住成功的机遇。越是美好的东西，越是要经过冒险才能得到。风险有多大，成功的机会就有多大。我们不赞同盲目地冒险，但我们的的确确需要一种冒险精神。

风险是客观存在的，做任何事情都不可能一帆风顺，都有成功和失败的可能，只是风险大小不同罢了。对于那些害怕危险的人，危险反而无处不在。

一天，寄居蟹与龙虾在深海中相遇，寄居蟹看见龙虾正在把自己的硬壳脱掉，只露出弱小娇嫩的身躯。寄居蟹非常紧张地对龙虾说："龙虾弟弟，你怎么可以把唯一保护自己身躯的硬壳脱掉呢？难道你不怕大鱼一口把你吃掉吗？以你现在的情况来看，连急流也会把你冲到岩石上去，那就更危险了。"

龙虾气定神闲地回答道："谢谢你的关心，但是你并不了解，我们龙虾每次成长，都必须先脱掉旧壳，才能换上更加坚固的新外壳。现在我们所面临的危险，正是为将来发展得更好而做的准备。"

我们是否也应该从龙虾的话里悟出一些道理呢：世上没有万无一失的成功之路，世界是变幻莫测、难以捉摸的。所以，要想在波涛汹涌的人生中自由遨游,非得有冒险的勇气不可。

喜剧表演家卓别林在他的自传中写道:“要记住,历史上所有伟大的成就,都是由于做成了看来是不可能的事情而取得的。”

不少人信奉知足常乐,其实,不投资也有风险,而且风险是绝对的——他们最大的风险就在于,他一辈子都不敢冒险,也就不能成功。

很多想变成富人的穷人,不是不知道该怎么做,而是不敢真的那么做。穷人总是有太多顾虑,面对未来的许多不确定因素,他们不去想一万,而总是去想万一,越想越可怕,结果无数的可能性就在这种犹豫和等待中化为乌有。

已经多次登上福布斯中国富豪榜的李桂莲,从小只读过4年书,但是,她的性格一点也不像小女子,她有着一个大企业领导应有的冒险精神和超前意识。

1979年,正值中国改革之初,李桂莲把全村的65台缝纫机和10多位技术比较“精湛”的女裁缝都拉了出来,李桂莲挑选出了85名“优秀工人”。后来,她们都成了大杨集团的“元老”。李桂莲带领自己的这些农民员工,帮当时大连一些国有工厂做散单。

在20世纪80年代初,建厂伊始的李桂莲就立下了远大目标:要跨出国门挣洋钱。“搞经营做买卖,眼睛不能只盯在国内市场上,要敢于参与国际竞争。”

1981年的春天,大连一家大服装厂厂长找到李桂莲,说他们厂与一家美国公司签定了一个条绒西服合同,整装由46块面料组成,要求3天内拿出样品,准备去西欧参加博览会。如果3天拿不出样品,这家美国公司不但会另选厂家,还要索赔。

这对当时一个规模不大的服装厂来说,确实是一个不小的挑战。但是同时,这也是一次难得机会。李桂莲感到,加工这批高档出口服装,是她们小厂创信誉、挤进国际市场的机会,她决心抓住这个千载难逢的机遇。

厂里有位领导说:“这批西服别说干,咱厂这些乡巴佬连看也没看到过!这不是冒险吗?”

李桂莲却说:“做这批西服要说冒险,主要是时间紧、技术质量要求高,但如果我们干好了，一是可以巩固与大连外贸方面的关系；二是可以一举进入国际市场，更大的经济效益在后面。”

说干就干，李桂莲立即着手组织人马到大连市里拉布料，并立即投入生产。3天3夜，李桂莲与工人们一起，吃在车间，干在车间。第3天中午，400件样品终于赶制出来了。

当李桂莲和技术人员赶到机场把样品送到外商面前时，外商吃惊了。他们对样品很满意，但不相信这是农村小厂做出来的。

当时的外商喜欢直接与服装加工厂接洽，他们需要在技术上精密把关，在工艺上有更密切的交流。

他们直接退了机票，来到厂里，直奔车间，既不坐下，也不喝水，顺着车间流水线逐道工序查看，并撕破了一件西服做破坏性试验。

检验的结果，使他们对各方面都非常满意。于是，外商当场拍板：16000件条绒西服全在这里做。

风险越大，机遇给予的成功指数也就越大，有的人由于怕承担风险，而任凭机遇与自己擦肩而过；有的人则以超人的胆略捕捉了它，投机遇所好，从而获得了巨大的成功。

如果当初李桂莲安于做个农村小女人，就没有后来的服装厂；如果当初李桂莲安于守着自己的小厂稳稳当当过日子，跟在大厂后面继续接散单，也就不会有后来的16000件条绒西服，更不会有福布斯排行榜上这个只读过4年书的农家女。

生意本身对于经商者就是一种挑战，一种想战胜他人，赢得胜利的挑战。所以，在生意场上，人人都应具有强烈的冒险意识。“一旦看准，就大胆行动”已成为许多商界成功人士的经验之谈。如果你也想成为百万富翁，那你最好多一点冒险精神。在不确定的环境里，人的冒险精神是最稀有的资源。

险中有夷，危中有利，要想有丰硕的结果，就要敢冒风险。生活是离不开冒险精神的。许多表面上看来不可能的事情，只要你有胆量去做，并且付出自己的努力，可能就会获得意想不到的成功。

一蹶不振的性格，失意不可失志

人的一生是一个不断在压力和痛苦中挣扎的过程，每个人的一生都会遇到很多挫折、坎坷与无奈。但是，我们不能因为一时的失意而一蹶不振、徘徊不前。

面对失意，最不能丧失的就是坚强的意志力。只要心不死，意志力不丢，就一定能重新调整自己的心态和情绪，重新寻找到新的机会。

心理医生罗伯特教授在自己的办公室中接待了一个流浪汉，这位流浪汉眼神茫然，满脸都是沮丧的皱纹，以及看起来至少有十多天未刮的胡须，这一切都显示，这个人已经无可救药了。

罗伯特请他把自己的遭遇详细地说一说：原来，因自己开办的企业倒闭而负债累累，债主到处追着他要债，而自己的妻女也离他而去，他受不了如此打击，精神几近崩溃。

听完流浪汉的故事，罗伯特教授想了想，说："我真的没有办法帮助你，但如果你愿意的话，我可以介绍你去见一个人，他可以帮助你赚回你所损失的钱，帮助你找到自信，帮助你重新找到幸福。"

流浪汉疑惑地跟着罗伯特教授来到从事个性分析的心理实验室里，和他一起站在一块宽大的帘子前，罗伯特教授把帘子拉开，露出一面高大的镜子，罗伯特指着镜子里的流浪汉说："就是这个人。在这世界上，只有一个人能够让你找回自信，找回自己的价值。你必须重新认识这个人，在你对这个人做充分的认识之前，对于你自己或这个世界来说，你都只是一个没有任何价值的废物。”

流浪汉朝着镜子走了几步，对着镜子里的人从头到脚打量了几分钟，用手摸摸他长满胡须的脸孔，后退几步，低下头哭泣起来。

过了一会儿，罗伯特领他走出电梯间，送他离去。

几天后，罗伯特在街上碰到了这个人，只见他西装革履，步伐轻快有力，头抬得高高的，全然没有前几天那种衰老、不安、紧张的状态了，他已经完全不再是一个流浪汉的形象了。他说，他感谢罗伯特先生，让他找回了自己，并很快找到了工作。

失意的流浪汉，看不到自己的任何价值，他甚至对自己的生命都有了怀疑。当他最终在罗伯特教授的帮助下，找回了自信，找回了自我时，他又重新走上了一条正常人的道路，他重新开始，重新开始创造自己的价值。

失意是一面镜子，能照见人性中的污浊；失意是一条鞭子，可以使你在被抽打中清醒；失意会让人细细品味人生，反复咀嚼人生甘苦，培养自身悟性，不断完善自己；失意能让你冷静地思考，正视自己的缺点和弱项，努力克服自身之不足；失意不是一束鲜花而是一丛荆棘，虽然让人看着心悸，却使人头脑清醒。

被人称为“国际美容教母”的蒙妮坦国际集团董事长郑明明，有一个美丽的称号——“蒙妮坦不倒翁”。

1973年，她精心挑选了一批美容产品，带领6名受过训练的职员，在印度尼西亚雅加达租了一间仓库，准备在那里开设蒙妮坦的分支机构。不料一场大火把仓库内的所有产品烧了个精光。

产品没了，多年的积蓄没有了，不仅欠了银行一大笔贷款，还要赔偿被烧毁的仓库，这对创业初期的郑明明打击太大了，几乎让她无力支撑。

她经常回忆这段往事：“当时只感到两手空空，大脑也是空空的，什么都没有了。”就在她绝望的时候，忽然想到了自己的父亲，从小她就看到父亲的办公室桌上有许多“不倒翁”。

而且，小时候父亲也常常鼓励自己，人生中必定会遇到很多困难，做人一定要有“不倒翁”的精神，跌倒了赶快站起来，才能实现理想。要敢于面对现实，学会正视自己。这一刹那，郑明明明白了父亲的一番苦心，从床上爬起来化了妆，重新走到人群中。

郑明明借着父亲的“至理名言”，在仓库失火后再次勇敢地站起来。她重新回到家乡，努力重建事业，一年后便还清了所有的银行贷款，手头还有了积蓄，于是再次扩张。

几十年风雨历程的背后，一直都是父亲那句再普通不过的教诲在支撑着她。

人生在世，谁都有过失意，有过挫折。挫折特别吸引意志坚强的人。古今中外，没有哪位成功人士不是从失败中走出来的。

一个人只要拥有坚强的意志，就可以战胜一切困难，摔倒了，可以重新站起来，成为一个打不倒的英雄。

失意了、挫折了，并不代表你从此就完了，你也不能把失意和挫折当成自己一蹶不振的理由。只要意志还在，你终会有成功的一天。

失败的时候，你必须善待它，因为每一次失败，都意味着你又向成功迈进了一步，当你似乎走到山穷水尽的绝境时，你离成功也许只有一步之遥了。

第5章 做性格的主人，让生命更精彩

XINGGEJUEDINGRENSHENGQUANJI

性格是天生的，但天生的性格并非完全不可以改变。对于自己天性中的一些缺陷和弱点，通过自己主观的、有意识的努力，是可以改变的。也就是说，性格也是可以驾驭的，只要摸清它的脾气，你完全可以成为自己性格的主人。

学会驾驭自己的性格

性格具有可塑性

与生俱来的性格是否可以改变？一个天性多变或极度害羞的人又该如何改变其对外界的反应？这对于一些感觉自己天生性格不好，而又非常渴望改变的人，是一个特别想要弄清楚的问题。

每个人都有自己的性格，有他最偏好的情绪类别，这是与生俱来的，是促使一个人的人生朝某一方向发展的天赋条件。事实与实验证明，这种先天决定的情绪倾向，是可以改变的，也就是说，人的性格是可塑的。

生活中，我们会发现，有些人似乎天生就乐天达观，有些人则生性阴郁。经研究发现，这种区别与人的大脑前额叶左右边的活动量有关。活动量左边大于右边的人生性乐观，对人生的看法更偏向光明面，遇到挫折也能更快地站起来。右边活动量较大的人则容易落入负面阴郁的情绪，这些人更容易被困境击倒，常常因为无法摆脱烦恼而苦恼，他们会把微不足道的小事夸大成恐怖的大灾难，认为世界充满了挫折与潜在的危险。

但是，人脑不是一生下来就定型了，而是终其一生都在不断成长，而成长最快的时期是童年。也就是说，脑部的可塑性是一辈子都存在的，所有的学习经验都是脑部的改变。只要加以持续的努力去学习，情绪性格是一辈子都具可塑性的。因此，为了达到成功的目标，我们完全可以不断完善乃至重塑自己的性格。

与生俱来的性格是可以有某种程度的改变的。即使性格是受基因的限制，也不是没有回旋的空间。因为，基因并不是决定行为的唯一因素，环境与成长经验会影响天性的展现方式。也就是说，影响性格形成的因素除了先天性的父母遗传因素，就是后天的环境因素了。

影响人性格的环境因素主要有以下几种：

第一，社会环境。在一个人的生活环境中，社会风气、社会生活、所见所闻、他人的榜样作用等，都对一个人的性格起着潜移默化的作用。

适者生存，环境是人类赖以生存的必要条件，这就决定了人的个性发展一定会受到环境的制约。所以，一个人的性格可以反映出他所处环境的特点。

在农村长大的孩子一般较淳朴，能吃苦，但不够活泼，不够敏捷；在城市长大的孩子一般比较活泼、灵敏，但吃苦精神就差一点。在战争、动荡的环境中成长的人一般都比较坚强，独立性也很强，而在安逸的环境下成长的人会有更强的依赖性，抗压力的能力也差一些。

人在一定的环境中生活，总是希望得到环境的认同。因此，人们在选择自己的行为方式时，就会有意无意地按环境的要求塑造自己的性格。

第二，地理环境。人的生存和发展总要有一定的物质作为基础，而直接影响到一个区域所提供的物质基础的，就是这个地区的地理环境。

一个区域里的光照、气候、地形、位置、资源等因素，决定了人们以什么样的方式来获得生存所需要的物质条件，也决定了人与人之间相处的关系以及人们对生活的理解和态度，从而最终也就影响到了人们性格的形成。

我国的北方人与南方人的性格差异很大。造成这些差异的重要原因，在很大的程度上与地理环境的差异有直接的关系。

北方人的性格多表现为豪放、粗犷、热情幽默，他们更习惯于简单朴素的生活，在为人处世上也趋于保守一些。

这是因为，在我国的北方，有辽阔的草原和平原，地势平缓，放眼四周几里以至几十里均能一览无遗。惟有豁达爽朗的个性才能与这样的生活相协调。

就气候来说，北方多干旱，降水量少，物产不如南方丰富，因此，生活条件受到许多限制，也就养成了他们惯于过艰苦生活的性格。

相对于北方人的粗犷和豪爽，长江以南的人们，在性格方面更为细腻，而且，他们大多精于算计，谨慎小心。

在我国东南，江浙一带生活着的人们，习惯于安逸，勤于修养，头脑发达，心思细腻。

江浙一带与大江相伴，和海洋为邻，地理位置优越，气候温暖，水源充足，土壤肥沃。优越的地理环境促使了经济的繁荣，自然人们的生活也就比较富足，因而人们习惯于安逸，文化十分发达。

同时，因为这一带有许多大小湖泊河川，交通方便，人烟密布，工商业比较繁荣，所以这里就养育了许多精明的商人，也因此养成了他们心思细腻的性格特点。

而在西南方向，由于地形地貌受山水的阻隔，条块分割相当严重，平原地区沟河纵横，山区峰回路转，远眺不能。这里的人多在巴掌般大的土地上精耕细作，久而久之，自然容易养成精打细算、谨慎小心的性格。

第三，家庭环境。家庭是社会的细胞，是社会的基本生活单位。一个人从出生，就在家庭中接受父母的教化。由于父母的世界观不同、人生观和文化修养的不同，对孩子的影响也不尽相同。可以说，有什么样的父母，就有什么样的孩子。父母及由父母所创造的家庭环境会影响孩子的一生。

家庭对人的性格形成、特定心理品质的培养都有十分重要的作用，这是其他方面不可替代的。

无论是先天形成的，还是后天的影响，无论是大环境的影响还是小环境的影响，总之，在人们头脑中生来就有的性格，并非是不可改变的。因此，对于一些先天性格有缺陷，或者因为自己生活的大环境或是小环境的不同，而造成自己性格方面有某些不足的人，都可以在后来的成长和生活过程中，做一些有意识的改变。

为你的性格注入卓越的“基因”

几乎所有成功的人都经历过坎坷和磨难，很多杰出的伟人都曾遭受过心理上的打击及物质上的困难。但是，正因为他们卓越的性格，让他们走过了坎坷和磨难，也回击了心理上受到的打击，最终使他们获得了成功。

著名的心理学家贝弗里奇说过：“忍受压力而不气馁，勇于知难而进，是最终获得成功的重要因素。”他还说过：“人们最出色的成绩是在处于逆境的情况下做出的。思想上的压力，甚至肉体上的痛苦都可能成为精神上的‘兴奋剂’。”

成功者并不一定具有超常的智能，命运之神也不会给予谁特殊的照顾，但是，成功者大都拥有良好的性格。性格在一个人取得成功的过程中，无时无刻不在施加或正面或负面的影响，进而影响最终的结果。因此，性格，是一个人取得成功的最大的内在资本。

日本京都大学一个叫田口英子的研究者，曾对有创造能力的科学家的性格特征专门进行过一次调查，调查结果显示，这些人都具有不同常人的性格特征。

特征一：儿童时代就具有顽强的追求知识的欲望，不管受到多么严厉的训斥，受好奇心的驱使，也总想去试试。

特征二：具有鲜明的自立、自主的独立倾向和独创性格，凡事有主见。

特征三：有雄心，肯努力，不甘虚度一生。

特征四：充满自信，敢于坚持自己的意见，同时与他人展开争论时，常常有居于支配地位的倾向。

特征五：有恒心、韧劲和能力，且有持续性，他们都能长期从事极为艰苦的工作，甚至在别人看起来希望渺茫的事情，他们仍能坚持到底。

大音乐家贝多芬曾说过："我要卡住命运的咽喉，它绝不能把我完全压倒！"他在耳聋后依然创作出《命运交响曲》、《合唱交响曲》等杰出作品，尤其是《命运交响曲》开始的四个音符，刚劲沉重，仿佛命运敲门的声音，感动并激励了无数后人。

英国著名的文学家弥尔顿在双目失明后，依然坚持创作，在亲友的协助下，写出了《失乐园》、《复乐园》、《力士参孙》等三部鸿篇巨制；在世界文学史上留下了辉煌的篇章！

这两位伟大人物在如此艰难的情况下依然能够取得成功，正是缘于他们自信和坚韧的优秀性格。他们不畏命运的艰难，不怕生活的困苦，不惧身体的伤病，完成了如此伟大的传世之作，与他们与生俱来的卓越性格有很大的关系，甚至可以说，是他们的性格，决定了他们的成就。

当然，并不是每个人天生都有这么优秀的性格，但是，每个人都有机会完善自己的性格，让它变得更完美。任何人的一生都是在自我完善、自我塑造的过程中完成的。塑造性格的目的，就是要克服不良的性格，实现性格优化，从而实现最完美的自我。

人与人的性格不尽相同，每个人的性格中都有弱点和长处。成功者之所以成功，不仅是因为他们知道如何避开性格的劣势，发挥性格的优点，更重要的是他们知道如何优化自己的性格，为自己的性格中注入卓越的"基因"。

而所谓的卓越的"基因"，也就是大多数成功人士所具有的自信、自立、独立性和独创性、强烈的好奇心、明确的目标以及实现目标的雄心和恒心、不畏艰难的坚韧和勤奋等。

在研究成功者的同时，田口英子也对一些本身并不缺乏才能和智慧，却最终无法让自己的才能和智慧得以发挥的人进行了研究，发现他们也有一些共同的性格特征。

特征一:没有雄心和抱负,甘愿随波逐流,追求现实的安乐和享受。有些人未能成才,往往不是能力问题,而是他们思想懒惰,追求舒适,宁愿在安闲中过日子,也不愿做长期的艰苦努力。他们本来有能力、有见识,但是,他们的智力、才能被懒惰锁住了。

特征二:严重的自卑感。有些人本来是很有发展潜力的,由于不敢相信自己,认识不到自身的潜力所在,从而不能把自己的真实才能展示出来。

特征三:对别人的意见依赖和顺从,容易接受暗示。有些人天赋智力素质不错,如果能够独立思考,本可以提出很多独到的见解。但是,由于性格易受暗示,容易顺从,自己原本独到的思想和见解就被忽略掉了。

特征四:缺乏毅力、意志薄弱。有些人一开始做事情热情高涨,可是,一旦遭遇挫折和失败,就会心灰意懒,结果也造成了自己的智慧和才能被埋没。

在我们的周围,因性格不良而导致才能被压抑的人和事普遍存在。优化性格,注重性格修养,是保证我们的智慧和才能得以充分发挥的必不可少的条件。

人的性格千差万别,无论是优点还是弱点,在我们列举的范围之外还有很多。但是,无论你是哪种性格,无论你的性格中有哪些优势和缺点,最重要的是,要学会调整自己的性格,取长补短,这样,你才会离成功越来越近。

也许,你的性格中有不完美的地方,或者你经常会因为你的性格缺陷而让自己陷于尴尬和失败的境地,但是,性格是可以改变、调整的,只要你勇于改变,勇于战胜自己,你就能掌握自己的命运。

每个人的性格都不是固定不变的,只有不断修正自己的性格弱点,不断完善自己的性格,才能为自己迈向成功奠定坚实的内在基础。

主动出击，适应生活给予你的一切

每个人所处的地域、空间以及所面对的对象都在不断变化，我们也必须随着周围环境的变化而变化，来适应生活。生活不会随着我们的意愿发生改变，只有我们去改变自己，适应生活。

适应是对你智慧技能的一种训练。在适应中，我们还需要不断加强知识的积累和能力的锻炼，储备良好的智慧和能力，这样才能成为生活的主人。一个人，要想让自己未来的路走得宽一点，就要把心放下来，去适应生活，不断进取，这样，你的路才会走得更宽、更远！

张亮高中毕业后没有考上大学，为了生存，他去一家美容美发学校学习理发。但是，没干多久，他感觉这样很没有出息，于是决定去当兵。复员后回到家，他发现工作仍然不好找，最后决定重拾理发的手艺。他去了一家理发店做助理。在别人看来，依然不是很有出息。不过他已经把心态摆平了，在他看来，命中注定他要干理发这一行了。既然如此，那就好好干吧！有了这种想法以后，张亮变得积极了，他在做好自己的本职工作之余，还继续学习技术，没几个月，他就从一个助理成长为一位优秀的理发师了。两年后，他感觉总给别人打工不是自己想要的生活，因此，他决定辞职，开始自己创业，如今他已经拥有了自己的美容美发院。

张亮从不喜欢理发这一工作到喜欢这一工作，从觉得没出息到做得有成就，全在于他及时地进行了自我调整。

在这样一个充满竞争的社会里，要想让生活来适应自己是不可能的。

处在一个激烈竞争的时代，只有自己积极行动，主动出击，去适应环境，改变困境，才能变被动为主动。

深圳有位有名的采石大王，他年轻时曾经因为头脑发热说了过激的话，被单位开除公职。为了谋生，他在街头卖过水果，做过产品推销员，后来在深圳边上的一个采石场做了采石工。他工作踏实、勤奋，深得老板赏识，不久即被提为工头，不到半年时间，老板又将自己下属的一个采石场承包给他。

当时采石场经常停电，他动员老板买发电机，但老板觉得费用太高没有同意，于是他就自己想法筹钱买了台发电机。由于停电，别的采石场无法按期交货，惟有他的采石场总能如期交货，于是订单都到了他那里。后来，他就开始不断地兼并其他的采石场，不断地扩大自己的业务范围，成了远近闻名的采石大王。

有很多人才华横溢、聪明绝伦，但他们缺乏野性，缺乏内心的张扬，他们只是在等待，却不懂得主动出击。等待在有些时候是必要的，但等待的目的是寻找机会，最终还是为了出击。

人的一生，可能有一半的时间在被动地接受、适应生活的考验，因此，每时每刻都在做着无形的适应生存的工作。当我们无法改变事情时，就要学会接受它、适应它。认识生活的客观存在，学会适应，然后，在此基础上抓住时机，充实自己，优化自己，这样，才有机会改变现状，寻找到新的、公平的生活。

主动和被动只是一字之差，结果却有着天壤之别。主动性强的人，会主动地想办法解决自己所遇到的难题，即使失败也不灰心丧气，这样的人很容易取得事业上的成功。相反，具有被动性格的人在生活和工作中，常常不能根据事情的发展变化，积极主动地调节自己的行为，而是消极怠惰，表现得很固执、很保守，因而不能成就大事。

积极起来，一切都会改变

性格特征中的积极性是指一个人的性格特征与社会文明和伦理进步的一致性及其对一个人精神活动的推动力。

积极的性格创造人生，是成功的起点，选择了积极的性格，就等于选择了成功的希望；而消极被动则总是在消耗自己的人生，最终无法成就任何事业。社会在不断地发生变化，人生需要不断地进行自我调整，只有这样，你才能适应社会的发展。如果你想成功，想把美梦变成现实，就必须摒弃扼杀你的潜能的消极性格。积极起来，一切都会改变。

有人对享有盛誉、成就卓著的林肯、爱因斯坦、詹姆斯、罗斯福等人的性格特征进行过研究，发现他们的性格中有如下一些共性：有创见、崇新颖、尚实际、重客观、热爱生命、与人为善、能包容、富于幽默性、悦己信人。这些性格特征对他们确立造福于人类的信仰，并始终如一地为实现信仰而奋斗，起到了巨大的作用。

凡事积极主动去做的意识，不仅使伟大的人物能够力挽狂澜、成就大业，也是平常人日常生活、工作和交往中必需的立身之谋。

一位心理学家在他的小女儿上学之前，教给她一个秘诀，那就是在学校里要多举手——尤其在想上厕所时。

于是，小女儿遵照父亲的叮嘱，不只在想上厕所时记得举手，老师发问时，她也总是第一个举手，不论老师所说的、所问的她是否了解，或是否能够回答，她每次都是第一个举手。

日子一天天过去，老师对这个总是喜欢举手的小女孩印象极为深刻。不论她举手发问，还是举手回答问题，老师总是优先让她开口。由此她拥有了许多别人没有的优先权利，也因此，这位小女孩在学习的进度上、实践的表现上，甚至许多其他方面的成长，都大大超越了她的同班同学。

多举手，正是那位心理学家教给女儿在学习生涯中的利器，也是成功者积极主动的态度。

积极的心态是一种有效的心理工具，是能够看透自己的必备素质。一个人的心态如何，在很大程度上决定了自己人生的成败。

婷婷是公司的新进职员，从进入公司的那天开始，她就一直默默地干着分内的和分外的工作。

早上，别人还没到，婷婷就已经开始打扫办公室。然后，在同事们的办公桌上，各放上一杯她沏好的茶。晚上，当其他人飞快地奔向电梯回家的时候，婷婷却不言不语地收拾凌乱的办公室，然后再坐下来，把自己当天的工作做一个总结，再把第二天上班前要做的准备工作做好。

婷婷就这样任劳任怨、一声不响地做着，但是，这并不表示婷婷甘愿就此沉默下去，她一直都在寻找能够适时表现自己的机会。

这一天，公司召开一个业务会议，老板在会上提到了 10 个关键数据，现场所有人都一头雾水，没有人知道这些确切的数据。

这时，婷婷发言了。她不仅将数据阐述得准确清晰，而且加入了自己的一些独到看法。结果，婷婷赢得了所有人的佩服，更赢得了老板的赞许。此后，老板开始器重婷婷，并多次对她委以重任。

从婷婷成功的经历中，我们能够发现，想在事业上有所建树，就一定要有目标和成功的思想，积极地行动起来，并抓住关键时机，让自己走向成功。

一个人要想成就一生的幸福，就必须以积极的心态面对世界，以积极的心态做人、做事，以积极的心态指导自己的人生走向。

皮鲁克斯在《现代人性格何以失衡》一书中这样说：“积极的心态是种力量，心态失衡是现代人常被击垮的一个性格弱点，因为他们无法从消极心态过渡到积极心态。这种失衡性格成为一个时代的疾病。”“如果一个人有信心、求希望、善关爱、肯吃苦，而不是悲观、失望、自卑、虚伪和欺骗，那么这种人的个性就是令人欣赏的。”

做事，一定要积极；进攻，必须强调主动。一切自卑、畏缩不前和犹豫不决的行为，都只能导致人格的萎缩和做人处世的失败。每一个人只有保持积极主动的心态，努力培养自己的主动意识，并不断改进方式和方法，才能更有助于自己走向成功。

用品质的力量打造个人品牌

品格就是力量，一个人即使没有文化，能力平平，且一贫如洗，但只要品格高尚，总会有一定的影响力。诚实、正直和善良，虽然不是命运攸关的东西，但却是一个人品格的本质所在。具有这些优秀品质的人，一旦和坚定的目标结合起来，就有了无比强大的力量。

富兰克林把他的成功归因于正直诚实的品格，而不是他的才能或演说能力。在他看来，他在这些方面并没有什么特别出众的地方。他说："人们都很看重我。我口才很差，从来不能口若悬河，有时候还结结巴巴，而且经常出错。不过我还是能准确地表达自己的意思。"

好的品质是一个人的品牌，依靠这个品牌，你不仅能够得到更多人的帮助，而且，还会成为人们信赖你、支持你、拥护你的依据。

在非洲的某个部落，有这样一个习俗，当一个人触犯了部落的规矩之后，他（她）的名字就会被取消，这个人就成了名副其实的"黑人"。在这里，一个人的名字就不仅仅是社会学意义上的"人"的代号，而是包含了认知度、忠诚度、美誉度的一个品牌。

个人品牌所表示出的经济形式就是名字的经济价值及其社会体现。这个品牌在经济活动中，甚至在非商业的人际交往中都在表明一个事实，人每做出一个动作、每说出一句话都是在经营着自己。

"克林顿"这个名字就是克林顿这个"企业"的品牌，他的 LOGO 就是他那灰白的头发和具有明星气质的红润脸庞。

《哈里·波特》的作者罗琳女士凭借其名字即可在《哈里·波特》第4集尚未动笔之时就得到预付稿酬一千多万美元。

这些都是品牌的效应，而这个品牌，是靠自己经营起来的，是靠自己如鸟儿爱惜羽毛一般爱惜自己的名誉得来的。

拥有个人产权的人在收获自己名声所带来的利润的时候，也要为经营自己所产生的风险负责。

林肯说过："你能在所有的时候欺骗某些人，也能在某些时候欺骗所有的人，但不能在所有的时候欺骗所有的人。"好名声的积累，与财富的积累一样，需要时间，需要耐心，需要正当的手段。

作为无名小辈，虽然我们没有世人举目关注的光辉，但是，我们也没有被所有人咒骂的污渍。我们应该在自己有限的圈子里珍惜自己的声誉，逐步扩大"知名度"，当你的美誉越传越广的时候，你自身的价值也就会自然而然地上升。

好的品质不是与生俱来的，而是需要靠自己后天的培养。而培养的方法是：

1. 平时多做善事

多做善事，你会因此得到更多人的喜爱，在得到别人喜爱的同时，你会收获一种幸福和成就感。而且，也因为更多的人喜欢你，让你自己感受到自己很有价值。

2. 多与高尚的人接触

与高尚的人接触，在潜移默化中，就会把自己的品位和品质都提升到一个新的高度，你自己也自然就会变得高尚起来。

3. 把自己的心胸放开阔

心底无私天地宽，把自己的私心缩小一些，多想想别人的事情，多站在对方的角度考虑问题，你会发现世界变得宽阔了。其实，那是因为你的心变得宽阔了。

诚实、正直、善良……一个人好的品质和性格，绝不止是这些，但是，作为一个人，拥有这些优秀品质是必须的。培养一个人高尚的品格，也不只是多与高尚的人接触，多看几本好书就能解决的，而是你自己要在日常生活中，有意识地让自己变成一个高尚的人，从生活的点点滴滴做起，为打造自己高尚的个人品牌不断努力。

让性格魅力为你的人生加分

成功只是一种生活方式，而优秀却是一种品质。优秀的品质在于个人的性格魅力，在于懂得知心、知性、知情。

一个人言语间散发出来的某些东西，能够让别人感觉到他的存在的同时，又可以感受到一种力量，一种从主观到直观所散发出来的魅力，人们把这样的元素称为性格魅力。性格魅力对每个人来说，是一种财富。有魅力的人似乎有一种特殊的力量，他感染着你，吸引着你，使你羡慕，让你模仿。

杨澜是红遍全国的节目主持人，又是中国最富有的女人之一，而且她还拥有一个幸福的家庭。一个幸福女人该有的她都有了。作为一名财富女性，杨澜无疑是成功而幸福的。而她拥有的这一切，从一定程度上说是因为她拥有良好的性格。

杨澜的第一个性格特点就是能够迅速果断地抓住机遇。

杨澜毕业于北京外国语大学。毕业那年，她在近千名候选人当中脱颖而出，成为中央电视台《正大综艺》节目的主持人。

1993年底，担任《正大综艺》节目主持人的杨澜在一次与正大集团总裁谢国民吃饭时，谢国民提出赞助杨澜到国外去学习。听了谢国民的话，杨澜并没有太当真，她只是开玩笑地说，自己若去留学，那《正大综艺》就没有主持人了。没想到谢国民很认真地说："一个节目远远没有一个人重要。"于是，杨澜的命运从此发生了转折。

1998年1月，由杨澜主持的访谈节目《杨澜工作室》开播。人物访谈节目，让杨澜接触了大量的社会精英和名人。与来自不同行业、不同背景的嘉宾进行交流，还让她的信息量得到了极大的丰富。节目前的准备工作需要大量的阅读，节目进行中的一问一答之间，需要调动自己的全部储备知识，这使她有机会了解更多新知识，增加更多新阅历。

而这些精英，也同时成了杨澜人生交际的一部分。不少名人在节目之后仍然和杨澜保持着密切的联系，与这些人的交往，在一定程度上给杨澜的事业带来了帮助，同时也让她在精神上获益匪浅。

杨澜的第二个性格特点就是敢想敢干。

在凤凰卫视的两年，杨澜收获颇丰。这个时期的杨澜，已经拥有了世界级的知名度，多年的传媒工作经验，重量级的名人关系资源。此时的她，进军商业只欠“资本”二字了。

1999 年 9 月，杨澜辞去凤凰卫视节目主持人的职务，成立了阳光文化电视控股有限公司。这使她的事业登上了又一座高峰。

杨澜的性格并非完美，她也坦然承认自己性格中有软弱和保守的一面。但是，她更善于利用自己性格中积极阳光的一面，让自己优秀的性格魅力，为自己的人生增添了更多亮丽的色彩。

一个有性格魅力的人一定是受欢迎的人，也一定是懂得体谅别人的人。一个人的性格魅力就像一个向导，在指引你前行的同时，又为你开拓出更多的道路。

让好性格助你扬帆起航

了解自己，从自己的长处走向成功

人生中的许多事情本来是我们能够做到的，之所以没有做到，只是我们不能发现自己性格中的优点，一旦发现了自己的长处，只要善加发挥，并坚持不懈，胜利很快就会出现在眼前。

著名歌舞表演艺术家朱明瑛，能用26种语言表演不同国家、不同民族风格的歌舞。她那歌与舞、情与声融为一体的演唱魅力，征服了世界各地的观众，让她享有盛誉……

她录制的唱片和歌曲曾荣获过“云雀奖”和“金唱片奖”，发行量最高达180万盒。

在接受采访时，朱明瑛这样说：“我曾经一夜一夜地睡不着，看着天一点一点地亮起来。我对自己进行着分析。我想，我乐感好，学外语的接受能力强，还有这么多年的舞蹈训练。我把我的舞蹈、外语和音乐的才能结合起来，是可以闯出一条一边舞蹈、一边演唱外国歌曲的新路子的。”

歌德曾经这么说过：“每个人都有与生俱来的天分，当这些天分得到充分发挥时，自然能够为他带来极致的快乐。”如果你也希望不断体验到这份快乐，那么就从自己的长处着眼，抓住机会充分发挥这份优势。

朱明瑛就是一个很了解自己的人，她明白自己的特长是“乐感好”、“学外语接受能力强”、“舞蹈底子厚”，但是，同时她也知道单纯比乐感，比她更有乐感的人数不胜数；单纯比外语接受能力，比她更有语言天赋的人也多的是；单纯比舞蹈功底，比她舞蹈功底更扎实的人也很多。因此，她努力把自己培养成在跳舞唱歌的中国人中掌握的外语最多最好的，在外语流利的人中最具乐感和舞蹈基本功的……所以，她把自己的不是最“长”的长处结合起来，走出了一条很多人走不成的路。

由此可见，明确自己的优劣长短的性格特征，是一个人更好地施展才华的有力保证。对于个人的优劣长短而言，只要能够合理安排，就一定能够发挥到最佳程度，取得最佳效果。从另一个角度说，即使你真的有某一方面的天赋，但是如果不在这个领域内寻找自己的成功之路，那么，你就很难成功。而倘若你并没有某一方面的特殊天赋，但是你根据自身的特长去寻找一个适合你发展的路，也会干出一番不错的事业。

很多成功人士的成功之路都很曲折，他们在刚开始往往比较盲目，因此也会遭遇失败，而后来他们之所以成功了，就是因为他们在一次次失败中发现了自己不适合做什么，适合做什么，最终成就了自我。

马克·吐温曾有过经商的经历。第一次他从事打字机的投资，结果因受人欺骗而赔了19万美元；第二次他办出版公司，结果又因为不懂经营而赔了近10万美元。这两次经商失败后，马克·吐温不仅把自己多年呕心沥血换来的稿费赔了个精光，还欠了一屁股债。

马克·吐温的妻子奥莉娅已经看出丈夫不是经商的材料，不过丈夫的文学天赋实在无人能及，于是她就劝马克·吐温放弃经商的道路，重新振作精神，走创作之路。经过一番深思熟虑，马克·吐温最终认为自己应该当一名作家，于是他很快摆脱了失败的痛苦，从而迎来他在文学创作上的辉煌。

无数事实证明，一个人在了解了自己的特长，并懂得发挥之后，就会很快绽放出最美丽的光芒。的确如此，每个人都有巨大的潜能，每个人都有自己独特的个性和长处，每个人都可以发挥自己的优点，成为一个光彩夺目的人，能够在自己的人生中展现与众不同的风采。认识自己，才能发挥主动性，根据自己的特点，运用自己的主见，走别人没走过的路，培养不同于其他人的特殊才能，取得别人无法取得的成功。

在确立目标时要考虑到自己的特长。聪明的人，总会去做自己擅长的事情。做自己擅长的事，可以让自己有可能成为那个领域的精英。如果做自己不擅长的事情，就算再努力，顶多不会被别人落下太远，想要出人头地却是很难的。

客观评价自己，接受自己的不完美

相传有个人在海边游玩时，很幸运地获得了一颗硕大而美丽的珍珠，但遗憾的是，那颗珍珠有些瑕疵——珍珠上面有个小斑点。他想，怎么可以让这斑点毁坏了珍珠的完美呢？于是他就想剔除珍珠上的斑点。他小心翼翼地削去了珍珠的表层，可是斑点却并未消失，他接着又削去了第二层，发现斑点依旧顽固地留在上面，于是他就不断地削掉一层又一层……结果珍珠变得越来越小，当他终于发现那个斑点消失了时候，那颗硕大而美丽的珍珠也已经成了一小撮粉末。

就如有瑕的珍珠一样，每个人都会有一些缺陷：外貌上的、性格上的、经历上的……缺陷或大或小、或多或少。面对缺陷，大多数人会去掩饰。但是，很多时候，越是刻意掩饰自己的缺陷，自己活得越累，有时甚至还显得很尴尬。因为缺陷是客观存在的，掩饰往往会弄巧成拙。

把自己的缺陷袒露人前，也就同时把自己的真诚毫无保留地献给了对方，反而摆脱了心中的羁绊，让自己生活中多了更多轻松和快乐。当一个人能够坦然承认自己的不完美时，他也就真正成熟起来了。

缺陷是客观存在的，不完美是必然的。我们不能因为一些不完美就否定自己，世界上没有完美的事情。即便我们没有取得第一，没有功成名就，但这也并不代表我们就失败了，不要因为稍稍偏离了靶心就完全否定自己。

中国射击队队员朱启南，初中时就开始学习射击，2003 年 12 月入选国家队。之后，朱启南开始了他的冠军生涯。他先后在全国射击赛男子气步枪、第五届长沙运动会个人气步枪、泰国世界杯10米气步枪、亚洲锦标赛10米气步枪等射击大赛中夺得冠军。这些荣誉让朱启南一路走得如此顺畅。

接下来的2004年雅典奥运会，朱启南更是凭借超强的实力在男子10米气步枪射击比赛中获得了金牌，并打破了世界纪录。面对这荣誉，朱启南心里感到安慰，但同时他又给自己定下来了2008年北京奥运会时的冠军梦。

然而，当那一天真的到来后，他却未能如愿，他以699.7环的总成绩获得了银牌。卫冕失败，与金牌擦肩而过的他站在银牌领奖台上，当场失声痛哭。

第二名，这个位置很微妙，比第一名只差了那么一点点，不敌一人，却胜过除了第一名之外的所有运动员，仍然代表着射击场上的高端水平。所以说，第二名并不是失败，所以未能拿到金牌的运动员大可不必感到遗憾，大可不必痛不欲生。当然，谁也不知道朱启南为什么失声痛哭，但是我们希望他不是因为没有得到金牌而痛哭失声。每个人、每件事，都不可能是百分百完美的，为什么只看那些存在缺憾的地方呢？所以，我们可以追求完美，但不能要求完美。要有用于接受缺憾的性格，这种性格不仅能够让你在追求成功的路上少些烦恼，也会让你这个人显得成熟稳重、淡定从容。

被称为“跳水沙皇”的俄罗斯跳水运动员萨乌丁，从1992年开始参加奥运会起，已经连续五次来到奥运会赛场，他经历了熊倪、田亮、何佳、林跃/火亮整整四个时代，先后获得六枚奥运奖牌，其中有两枚金牌，在北京奥运会上，他未能摘得奖牌，但是他依然是人们心中的明星。

面对镜头，萨乌丁的回答让人感觉到一种从容和淡定：“我老了，因为体力和难度的原因，我已不能和年轻人对抗。”

没有得到金牌并不意味着就是失败，这个世界不存在完美，得到金牌的只有一个人，作为运动员，能够超越自己就是成功。甚至你没有获得任何奖牌，但是你发挥出了自己的最大潜能，即使是最后一名，都一样是成功的。

每个人都渴望获得成功、渴望得到他人的尊重和认可。然而能够真正获得成功，真正被众人认可和尊重的人毕竟是少数。人无完人，每个人都有缺点，不同的只是缺点的大小与多少而已。

我们每个人都一样，也许你无法成为总统，但你可以成功地成就自己的事业，即使你没能做到事业有成，但至少你可以认认真真做人、开开心心做事，活得轻松、快乐、幸福，那样，你也一样成就了自己的人生，一样实现了自己的人生价值。

保持自己独特的个性

没有人会愿意在自己未来的人生路上遭遇失败，但是，要想获得成功，除了机遇与自己的拼搏外，首先要做和必须要做的，是了解自己、战胜自己。

了解自己主要是指认识自己的性格：自己是内向的还是外向的，是封闭的还是开明的，是自卑的还是自信的，是懒惰的还是勤劳的，是虚荣的还是实在的……总之，不论什么样的性格，你都是你自己，是这个世界上独一无二的自己。

人的性格千差万别，每个人都有与众不同之处。我们生来就有着与兄弟姐妹不同的性格组合特征，虽然基因、智商、环境和父母的影响都能塑造一个人的性格，但一个人性格的内在本质却改变不了。我们要保持自己独特的个性，运用自己独特的天赋和智慧，去冲刺人生的美好目标。

苔丝从小就特别敏感而腼腆，她的身体一直太胖，而她的一张脸使她看起来比实际还胖得多。苔丝有一个很古板的母亲，她认为把衣服弄得漂亮是一件很愚蠢的事情。她总是对苔丝说："宽衣好穿，窄衣易破。"而母亲总照这句话来帮苔丝选择衣服。所以，苔丝从来不和其他孩子一起做室外活动，甚至不上体育课。她非常害羞，觉得自己和其他的人都"不一样"，完全不讨人喜欢。

长大之后，苔丝嫁给一个比她大好几岁的男人，

可是她并没有改变。她丈夫一家人都很好，也充满了自信。苔丝尽最

大的努力要像他们一样,可是她做不到。他们为了使苔丝能开朗地做每一件事情,都尽量不纠正她的自悲心理,这样反而使她更加退缩。苔丝变得紧张不安,躲开了所有的朋友,情形坏到她甚至怕听到门铃响。苔丝知道自己是一个失败者,又怕她的丈夫会发现这一点。所以每次他们出现在公共场合的时候,她假装很开心,结果常常做得太过分。事后苔丝会为此难过好几天。最后甚至不开心到使她觉得再活下去也没有什么意思了,苔丝开始想自杀。

后来,是什么改变了这个不快乐的女人的生活呢?只是一句随口说出的话。随口说的一句话,改变了苔丝的整个生活。有一天,她的婆婆正在谈她怎么教养她的几个孩子,她说:"不管事情怎么样,我总会要求他们保持本色。"

"保持本色。"就是这句话!在那一刹那之间,苔丝才发现自己之所以那么苦恼,就是因为她一直在试着让自己适合于一个并不适合自己的模式。

苔丝后来回忆道:"在一夜之间,我整个人改变了,我开始保持本色。我试着研究我自己的个性、自己的优点,尽我所能去学色彩和服饰知识,尽量以适合我的方式去穿衣服。主动地去交朋友,我参加了一个社团组织——起先是一个很小的社团——他们让我参加活动,我吓坏了。可是我每一次发言以后,就增加了一点勇气。我所有的快乐,是我从来没有想到可能得到的。在教养我自己的孩子时,我也总是把我从痛苦的经验中所学到的结果教给他们:'不管事情怎么样,总要保持本色。'"

苔丝回到了快乐当中,是因为她找回了自我。她认识到了自己的缺点,也发现了自己的长处,她知道自己是独一无二的,不必事事按照别人的意志行事。因此,她拥有了自信,拥有了自我,也就拥有了快乐。

人无完人,每一个人都有自己的缺点,接受真实的自我是很重要的。当你承认自己不完美的时候,也就能够客观地评定自己了。在看到自己性格中的负面部分的同时,你也会开始发现自己性格中美好的一面,那个美好的部分,可能是你以前没有认可或注意到的。你会看到,虽然有时候你会表现出畏缩,没有安全感,但更多的时间里,你却能表现得很勇敢,很坚强。

承认自己的全部,对自己说:“我虽然不完美,可是我这样也很好。”当你性格中负面的特质显现出来的时候,你可以从一个整体的客观角度去看待它。

虽然我们都不是完美的,但是,在这个世界上,我们每个人都是独一无二的,我们有理由保持自己优秀的个性,尽可能利用大自然所赋予自己的一切。

阿姆拉姆·善菲尔德在《你与遗传》里说:“每个染色体里面都有成百个遗传基因,每一个基因都能改变你的生命。所以在这个世界上,你是独一无二的,这是你的财富和骄傲。”任何创造性的劳动都是个性鲜明的,而上天给你的正是独一无二的个体与个性。

每个人生来就与众不同,世界上只有一个自己,每个人的性格各不相同,没有谁会有绝对的优越性格,也没有谁绝对一无是处。同一种性格特征,从不同的角度看,会有不同的利弊结论,关键要看自己如何去发挥性格中的长处。优良的性格特点可以继续发扬,有缺点的地方可以被克服。

肯定自己，告诉自己“我能行”

一个人成功与否，不在于你是强大或是弱小，而是取决于能否发现自己的优势，并全力将它发挥出来。弱者也有自己的空间，无论强者弱者，都有一套使自己适应环境的本领。了解自身的优势，最大限度地发挥自身的专长，那时，你的优势就会弥补你的不足，你定能获得他人苦苦求索也无法得到的东西。

每个人身上都有最优秀而独特的地方，这份优秀只属于你自己。励志成功大师拿破仑·希尔指出，在每一天的生活中，只要你能尽力而为、尽情而活，你就是“第一名”！

你不比任何人强，但也不比任何人差。因此，你不必拿自己和其他人比较，来断定自己是否成功，而应该看自己的成就和能力，来判定自己是否成功。

“寸有所长，尺有所短。”人的能力是多方面的，应全方位地认识到自己的优点和长处，同时客观地看待自己的缺点和短处。这个世界上没有十全十美的人，一定要相信自己，你是这个世界上独一无二、不可替代的，你拥有自己的独特。

学会欣赏自己，努力多发现自己的长处。心理专家罗伯特·安东尼建议：将自己的每一条优点都列出来，以赞赏的眼光去看它，最好背下来。通过集中注意力于自己的优点，在心理上为自己树立信心，相信自己是一个有价值、有能力、与众不同的人。无论什么时候，只要你做对一件事，就要提醒自己记住这一点，甚至为此酬谢自己。

学会喜欢自己，培养自己正确面对自己缺点的耐心。这并不是让你降低标准，变得懒惰、糊涂，或不再尽心尽力。而是你必须弄清楚这样一个事实：没有人——包括你自己——能永远达到100%的成功率，没有一个人会100%完美无缺。所以，期待别人完美是不公平的，期待自己完美则是愚蠢、荒唐的。

千万别苛求自己，要学会慢慢接受自己。要相信天生我材必有用，失意只是暂时的，是暂时还没有找到适合自己并且最能发展自己潜力的人生目标。对于别人来说，你可能是渺小的，但对于你自己，你就是整个宇宙。要相信自己是有用之人，你永远是自己舞台上的主角。

不要抓住自己的劣势不放，你身上的缺点可能别人身上也有，你有的优点也许别人还没有。努力发现自己的一些闪光点，机遇会因此青睐你，世界也会因你的存在而更加精彩！

同时，也要正视自己的缺点，承认自己的不完美，对自己有一个正确的评价。通过正确地评价自己来发现自己的长处、肯定自己的能力。如果自我评价的方向是正面的、自我肯定的，能够发现自己有长处、有优势，自己不仅会由此产生积极的情感体验，同时将更有可能发展为好的行为、产生好的结果。

要想成就一番事业，成就自己的人生，就要面对现实的自己，勇敢地接受自己、承认自己，不能因为自己有缺陷与不足而自卑、自轻、自贱。有些人不愿意承认自己的不足，没有勇气接受自己的缺陷，极力掩饰或者刻意伪装，这样就会形成病态人格，无法实现成功的人生。

学会认识自己的长处，当然也要认清自己的不足，接受自己并不完美的现实。每个人都有巨大的潜能，每个人都有自己独特的个性和长处，每个人都可以发挥自己的优点，成为一个光彩夺目的人。

“我只看我所有的，不看我没有的。我的优势首先在我的心理。”生活中的每个人都要努力展现自己杰出的一面，这是心理的需求，更是生存的需要。那些大声地对自己说“我就是独一无二”的人，那些在困难面前勇敢地站出来的人，那些在别人都束手无策的时候发出自己声音的人，才是真正杰出的人。

肯定自己，坦然接受自己的弱点，是对自己的认可，是对自我的肯定。肯定了自己，你才能客观地评定自己，才能强调你个性中“正”的一面，并在自己身上找到自己喜欢的特质。

天道酬勤，勤奋是永不过时的美德

天道酬勤，命运总是掌握在那些勤勤恳恳地工作的人手中，努力不一定成功，不努力肯定不能成功。成功的人之所以成功，就是因为他们比别人更加勤奋、更加努力。

无论做什么事，勤奋是必须的，勤奋不能保证事业一定成功，但勤奋的结果却一定丰富，因为在勤奋过程中的不辞辛苦，已经使我们已获得了生命中最宝贵的经验。

赵本山在"艺术人生"中说，我不是一个很自信的人，不是一个才华横溢的人，我觉得在艺术道路上勤奋最重要。

翻一翻一些大人物的传记，你就会发现，大多杰出的发明家、艺术家、思想家以及领袖人物，他们的成功在很大程度上归功于非同一般的勤奋和持之以恒的毅力。

丘吉尔在第二次世界大战期间每天工作16个小时；周恩来总理在大多数情况下每天只有4个小时的睡眠时间；被誉为"铁娘子"的撒切尔夫人更是有着过人的精力，她很少度假，每天睡眠不超过5个小时，她从低微的下层工作开始，完全靠自己的奋斗获得了成功。

在很多人看来，勤奋只是平庸无能的人赖以生存的法宝，而当今社会是一个"智慧为王"、"创意为王"的时代，只靠勤奋未必就能取得什么成绩。其实，勤奋并不仅仅是指体力的投入，还包括脑力和感情的投入。勤奋未必一定能成功，但是，如果一个人不去勤奋做事，那是一定不会成功的。

比尔·盖茨被人们公认为天赋极高的人，但如果没有勤奋，他也不会有今天的成就。在微软人看来，比尔·盖茨是个超级工作狂，一工作起来就废寝忘食、不分昼夜，平均每天都要工作十几个小时。

当年，在他还是哈佛大学的学生时，为了给 Altair 型计算机研制 Basic 语言，他和保罗·艾伦就曾经在哈佛阿肯计算机中心没日没夜地干了八周，终于为 8008 配上了 Basic 语言，开辟了 PC 的新时代。

比尔·盖茨说："公司的员工应该具有勤奋的美德，无论在什么情况下，都不能丢掉勤劳苦干而去等待好运的降临。正因为微软有很多勤奋的工作狂，才有了微软的霸主地位。"

人生中任何一种成功的获取，都始于勤，也成于勤，勤奋是成功的根本。一位成功人士曾经说过："我不知道有谁能够不经过勤奋工作而获得成功。"

勤奋是一个人的财富，它是点燃智慧的火把，即使你资质平平，只要勤奋地工作，也能弥补自身的缺陷，最终事业有成。

韩红是当今中国极具影响力的实力派歌手，她最初是作为文艺兵被特招进部队的。但是最初的十几年里，她一直在电话机前度过，虽然不远就是欢声鼎沸的卡拉 OK 厅，但是军纪严明的女兵们并不能走进那里。喜欢唱歌的韩红在最初入伍的几年里，总是有事没事地唱上几句。

无奈和遗憾之余，韩红开始阅读各种书籍，同时也开始了自己的创作生涯，她写了各种体裁的文字，如小说、诗、剧本等。在部队这些平淡的日子里，韩红做了许多对以后走上歌唱道路有帮助的事情。

当时，生活清贫的她没有钱买录音带，她就买些空白的带子请别人复制。听完毛阿敏、苏芮等著名歌星的歌以后，她用省吃俭用的钱买了音乐教材和吉他，没有想到的是，她已经能够弹出一些和谐的音符，后来有幸摸到钢琴，她也一样能够弹奏出流畅的歌曲。

在音乐方面，她的确有过人的天赋，但遗憾的是，歌舞团依旧不要她，她只能选择去歌厅唱歌。

走过了10年之后，一天，中央电视台的半边天节目主持人张越走进了歌厅。她不经意间被某个独特的歌声所吸引，女主持人抬头很认真地打量了一下台上的歌手，非常有实力的韩红这才被注意到，而此时的她正忘情地唱着她的《雪域光芒》。

颇有见识的张越就在那一刻被吸引住了，也被震撼了，她当即拍板做了决定。不久，韩红第一次作为嘉宾，与张越面对面，走进了中央电视台的直播间，这一切都发生在1998年。

被挑选入伍的韩红文化程度并不高，但是她知道课堂不是获取知识的唯一途径，只要勤奋，一样可以取得知识。于是她选择了自学，短短几年的工夫，她先是拿到了中央音乐学院的录取通知书，在此后的几年，解放军艺术学院又给她敞开了艺术的大门。

走过了那些晦涩暗淡的日子，韩红迎来了自己人生的光明，成为大家公认的中国内地实力派女歌手。

提及自己成功的人生经验，韩红这样说道："人生如登山，而我只不过才登到五分之一处，接下来仍需要努力、努力、再努力！"

投身军旅的韩红，比起其他的同龄人，机会更少一些。但是，在没有得到命运的眷顾时，勤奋的韩红，却有着比别人更多的努力。她用自己的勤奋为自己创造了别人没有的机遇，也用实力证明了自己拥有抓住机遇的能力。在音乐方面，她的确有着过人的天赋，但是，她的成功更是她努力和勤奋的结果。

"勤"和"苦"像一对恋人，总是如影随形。一切天才的成功和幸运总是以勤奋为前提的。勤奋，不仅意味着吃苦和实干，而且意味着百折不挠，持之以恒，只有这样，才能够叩响成功的大门。"业精于勤，荒于嬉"、"勤能补拙"，这其中的道理对于任何人来说都是适用的。

天道酬勤，勤奋就是从一无所有到名利双收的法宝，勤奋将成功变得如此简单,又如此美丽。不管你是否具有天赋,如果你想成功,勤奋是成功路上必不可少的一项重要因素。

勤奋是一种永远都不会过时的美德,保持勤奋工作的态度,你就会取得出色的业绩,就会得到老板的赏识。世界上没有任何东西可以比得上甚至代替勤奋的意志,唯有勤奋才能成全你的人生和事业。

进取，比别人多努力一点点

一个人能否改变自己的命运，能否做得比现在更出色，能否实现自己的理想，更多取决于自己的努力。只要努力了，就能走在别人的前面，就能最先领略到成功的滋味。不要小看一点点的努力、一点点的进步，成功与失败之间，往往就只差那么一点点。

王磊是公司升职最快的一名员工，进公司不到一年，就当上了市场部经理。

王磊成功的秘诀就是每天比别人多做一点点。每天，他都是第一个来到公司上班，而晚上却是最后一个离开。每当老板加班想要找人帮忙时，就只能找他。时间一长，老板似乎已经习惯了他的存在，有什么事情的时候，自然先想到他。

有些顾客往往会在工作时间以外往公司打电话，这时，能够接听电话的也只有他一个人。时间长了，他不知不觉地积累了一批铁杆客户，当一个个客户直接走到办公室找王磊时，他的同事们都感到非常惊奇。

27岁的时候，王磊成了公司里的二号人物。别人向他请教成功的经验，他总是会说："其实也没有什么，只不过我比别人更勤奋了一点儿，比别人更努力了一点儿，仅此而已。"

对于大多数人来说，所能做的就是努力工作。你做得越多，得到的也就越多。每天比别人多努力一点点，慢慢地你就会成为领头羊。其实，成功和失败也就只差那么一点点，王磊比别人多努力了一点儿，他就顺利地成功了。

每个人都是自己命运的设计师，每个人都可以靠自己的努力改变自己的命运。你失败，只是因为你自身努力不够；你成功，也只是因为你努力了。荣获全国优秀农民工称号的朱雪芹，就是一个靠努力改变命运的典型代表。

朱雪芹念到了初中，就辍学到上海普陀区的华日服装有限公司打工。进公司后，开始学习电动缝纫机的使用，3 个月后，就达到了熟练工的水平。

尽管工作很紧张，朱雪芹始终没有放弃过学习。3 年后，她获得了高中文凭。

她利用休息时间，参加公司为职工提供的外语、管理培训班。她几乎把所有的业余时间都用在了学习上。

1998 年，朱雪芹被公司派往日本研修 3 年企业管理课程及服装设计。在日本进修期间，为了学日语，朱雪芹随身带着词典，一有机会就练习口语，功夫不负有心人，3 个月后，朱雪芹的日语让专业翻译也赞叹不已。

2001 年，在日本的学习结束，朱雪芹获得了日方颁发的管理奖、优秀研修生奖等荣誉。她拒绝了日方的高薪聘请，回国后与公司的科技人员一起试验，提出了 80 套标准工序和 2800 秒出成品的分秒法。这一技术成果让公司每年出口服装达到 100 万件，取得了良好的经济效益。

2008 年，朱雪芹光荣当选为上海市首位农民工全国人大代表。

朱雪芹说："这十几年来，我经历过的事情非常坎坷，也付出了不少努力。但我知道，只有努力才能改变命运。"

"只有努力才能改变命运"，这话是朱雪芹成功的见证，也是她成功的秘诀。靠着自己每天比别人多努力的这一点点，朱雪芹从一个只有初中文化的农村女孩，一直走到全国人大代表，这其中付出了多少辛苦和努力，相信只有她自己知道。但是，她一路走过来，付出了比别人多得多的勤奋和努力，却是每一位成功者都知道的。因为，每一位成功者，无一不是靠着艰辛的努力才换来了今天的成就。只要你为了改变自己而努力，就能靠自己的努力改变自身的命运。只要努力，你总会有成功的机会。

对于我们当中的一些人来说，命运也许没有给予太多的垂青和怜爱，我们一直平平淡淡，甚至有着不如常人的不幸。而对于我们当中的大多数，对于我们不幸的命运，要做的就只有努力工作。你做得越多，你得到的也就越多。每天比别人多努力一点点，慢慢的，你就会成为改变自己命运的人。

第6章 好性格是处世的基础

XINGGEJUEDINGRENSHENGQUANJI

生活中，凡是有大成就的人，其身上必然散发出强大的性格魅力。一个人的良好性格能给他人以吸引和影响，这样的人往往受到很多的人敬佩，也正是因为他身上的这种魅力，他在生活中才能左右逢源，游刃有余。

好性格成就好人缘

培养开放的性格，打开自己的心扉

社会开放了，我们的心也要向社会敞开，我们没有理由关闭自己的心扉，在自己性格的阴影中孤独地走完生命的历程。

性格就像长长的影子，拖在生命的背后。当这个影子变得很暗时，也就会将生命拖得很重。每个人的性格中都有自己的闪光点，也有自己的阴暗面。如果能把闪光点点燃，你的生命中就会充满光亮。如果把自己的阴暗面扩大，你的生命则会处于黑暗当中。而点燃性格中闪光点的方法，就是培养自己开放的性格，打开自己的心扉，与更多的人交往、交流，让生命中充满活力和激情，让阳光随时在你心里闪亮。

人的情绪是需要宣泄的，很多时候，人的情绪向他人表露出来，从他人那里得到安慰，自己的心情就会变得轻松起来。

心理学家认为，当人独处时，心理活动就会转入内部，朝向自我。

性格自卑的人，要避免长期独处。自卑性格的人如果长期独处，心理活动的范围就会变窄、变小，再加上性格中的自卑因素，问题就会更加严重，往往会使心理活动走向极端，使自己陷入自卑之中不能自拔。

一个性格自卑的人，如果能够培养自己开放的人格，愿意与人交往，情况就会大不一样。多与人交往，注意力被别人吸引，心理活动就不会局限于个人的小圈子里，心情自然就会好起来，性格也会变得开朗。

同时，在与他人的交往过程中，能认识到他人的长处和短处，通过对比来正确认识自己，从而调整自我，提高自信心。而且，通过与他人交往，可以从别人那里学到更多的知识经验，扩充自己的学识，减少自卑感。

而对于一个性格中充满自信的人，他在拥有自信的同时，一般也会有很强的傲慢气质。如果长期独处，不与社会接触，性格中傲慢的成分就会主宰自信，性格中的专横跋扈、目中无人，便可能凸显出来。自信的人在与人交往的过程中，可以看到别人更多的长处，而不至于因为过于自信而变得自负。

培养开放型性格，最重要的就是要多与人交往。交往，是人生在世最重要的生存方式。从某种意义上讲，不会交往的人，不是一个成熟的人。交往可以改变一个人的人际关系，提高生存的质量，甚至可以改变一个人的命运。

任何人，离开别人的帮助也将一事无成，世界上最成功的人都是人际关系很好的人。波斯文学家萨迪曾说："蚊子如果一齐冲锋，大象也会被征服。"想要拓展人生，就必须多与人交往，精心编织一张属于自己的社会关系网。

与人交往是一门艺术，这其中含有自己性格中能否开放心扉，能否接受别人影响的问题。

与人交往也是需要投入的，与朋友相处，必须投入的时候，千万不能小气；没必要"埋单"时，也不能大大咧咧，那样反被他人瞧不起。

与朋友交往时，首先，要对其进行品质鉴定，看看他身上有没有什么本质性的问题是你无法接受的，然后避其要害，择善而从。

其次，要能够学会影响朋友，同时，还要能够接受朋友的影响，如果你发现朋友具有自己所不具备的优良性格时，要尝试向朋友学习。

没有朋友难成大事。朋友是你的依靠，也是你人生的资本。失去朋友，你就会陷于无助的境地。

培养开放的性格，是走向成功的必要准备。培养开放的性格，就是通过与别人交往，打开自己的内心世界，寻找自己性格系统中的亮点。培养开放的性格，不仅能把一个人性格中的亮点点燃起来，还可以让人脱离不良性格的纠缠，从而走向人生的新境界。

懂得与不同性格的人相处

每一个人都是独一无二的个体，世界上没有个性绝对相同的人。人与人之间的性格差异很大，我们每一个人，都必须与不同性格的人相处，也都希望和不同性格的人相处得和谐、美好。然而，现实生活却并不总是那么遂人愿。

工作、生活当中，我们常常看到有些同事、上下级之间闹矛盾，很多时候，有分歧闹别扭，并不总是缘于意见、观点上有异议，而是由于人的个性因素。

比如，有些人性格干练、沉稳，办事认真、仔细、踏实，于是，他们往往看不惯性格外向，办事有些急躁的人；有些人性格果断，办事作风泼辣，那么，他们就无法同优柔寡断者一起解决问题。

不同的性格有各自不同的特点，但一个人的性格，经常会有某种情绪起主导作用，如稳定性、持久性和主导性。这些情绪决定着一个人的性格是沉稳还是急躁，是果断还是犹豫，是乐观还是抑郁……

那么，怎样做到与性格不同的人，甚至是和与自己性格截然不同的人和谐相处呢？

1. 多挖掘与别人的共同点

性格不同的人，处理问题的方式往往不同。我们要学会在不同之中，发现共同之处。

对待同一个问题，一个性格平和的人，与性格刚直急躁的人的行为方式就是截然不同的。性格平和的人说话委婉，做事谨慎，而性格刚直急躁的人则是快人快语，单刀直入，做事干脆利落。在这样的情况下，无论是哪种性格的人，都要看到，两个人都能够很好地解决问题，这才是关键，而不要去苛求对方必须使用与自己同样的方法。

2. 多理解别人

如果你对一个人不了解，两个人在感情上就必然有距离，对于对方的行为举止、说话方式等就不太能接受。那么，站在对方角度，去设身处地地想一想对方的情况和处境，就会对别人多一些理解，多一些体谅，对于对方的行为，自然也就比较容易接受了。

清洁工小杜去商场购物，对柜台收银员有些不太礼貌的语言很是不满，可回过头来再想想，有时候自己工作了一天以后，也常常会因为疲惫而容易情绪激动，因此，也就理解了收银员的行为，同时希望更多的顾客能体谅她们。

3. 做适当的忍让

假如你的妻子或丈夫爱发脾气，你就要先忍让一下，待对方脾气发过、情绪冷静以后，再同他讲道理，让他懂得发脾气是解决不了问题的。但是，忍让不是消极的忍气吞声，而是要积极寻求解决问题的办法。

4. 与人相处要讲究方式

一把钥匙开一把锁，跟不同性格的人打交道，也要区别对待。了解不同性格的人的特点，然后针对这些特点采取因人而异的恰当态度。

5. 多发现别人的优点，取长补短

性格不同的人在一起，要善于发现对方的长处和短处。发现了别人的长处，要善于取其之长，勇于补己之短。发现了别人的短处之后，要想到，世界上一切事物都不是尽善尽美的，每个人在思想上、性格上都会有缺点，对人不能求全责备，礼貌地给他指出来，帮助他去改正。同时，尽量避免自己也出现这样的短处。

一个人想要与所有的人都成为亲密的朋友，看起来有点儿不太现实。但是，我们尽量学会与各种不同性格的人打交道，还是有可能的。与不同性格的人相处，不必强求别人处处跟自己一样。你希望对方改变性格，不如学会适应对方的性格来得更好。这样，你就能和更多的人相处得好，生活、工作起来就会更愉快。

摆脱社交恐惧,打造成功人际关系

曾几何时,社交恐惧开始威胁现代人的生活,让人们因此而缺少自信,更让人们因此而缺少魅力。当每一次成功的机会来敲门时,你却只能眼睁睁地看着让它溜走,让你后悔、懊恼、内疚。可是,当下一个机会不期而遇时,你却又开始犹豫、胆怯、心慌。久而久之,自信心在一次次的徘徊、犹豫中丧失。

所谓恐惧,是对某种物体或某种环境的一种非理性的、不适当的惧怕,比如恐高、恐水、恐惧见人。恐惧是来自自己内心的魔鬼,它会扼杀你的勇气、信心,让你变得拘谨、胆小。它打破人的希望、消退人的志气,使人的心力衰弱。恐惧摧残人的创造精神,抹杀人的个性,使人的精神日趋萎靡。一旦你心怀恐惧,做任何事情都不可能有效率。

人产生恐惧的原因主要有两方面:一是先天的性格脆弱,天生紧张而有些神经质。二是因为无力经缓解自身承受的精神压力而产生的恐惧感。

社交恐惧是一种典型的人际交往时的恐惧心理。主要是因为对自己在交际方面的不自信而产生的恐惧感。

生活当中,每个人都不可避免地要与各种各样的人打交道,无论是与重要人物交谈,在公众场合发表观点,还是要出席谈判、酒会、晚宴等各种社交场所,在这些场合的出色表现,可以展示一个人的风采,相反,此时不佳的表现,也会让你的形象大打折扣。

在公共场所或重大的场合,有些人能够如鱼得水,表现得游刃有余,有些人却会脸红心跳,分寸大乱。对社交的恐惧,如果长时间得不到修正,会发展成为一种心理疾病,也就是"社交恐惧症"。

小梅在公司做策划工作,就能力而言,她做这项工作是绰绰有余的。她经常有很好的想法,足够让她的策划书别具一格。但是,在公司高层领导面前,她却拙于表达,有时候甚至根本表达不清楚自己的意思。因此,经常是策划会议前和同事们讨论得相当热烈,好创意不断涌现,一旦需要向领导汇报时,小梅就会把所有的好创意忘得一干二净,甚至说话语无伦次,弄得自己尴尬,领导也无奈。

小梅这样的情况,就属于社交恐惧了,虽然没有严重到跟同事在一起无法工作,但是,在领导面前的这些表现,也已经严重影响到了她的正常工作。

社交恐惧是一种强迫观念较为严重、患病率较高的心理疾病。患者害怕与人交往,对社交感到恐惧,以至于最后会拒绝与任何人接触。

社交恐惧的表现形式还不仅仅是面对陌生人而手足无措,有时甚至还表现为不能在公众场合打电话,不能在公众场合与人共饮共餐,不能单独与陌生人见面,不能在有人注视下工作等较为极端的行为。

产生社会恐惧的原因,有遗传因素的影响,但更多的是后天的环境和自身的精神压力造成的,所以,纠正起来也就相对容易一些。那么,如何摆脱社交恐惧呢?心理专家给我们提供了以下几点建议:

1. 接纳你自己

社交恐惧在某种程度上是不能接受自己的一种表现,而不接受自己的根本原因在于不能欣赏自己。接纳自我,可以从停止对自己的挑剔和责难开始,不要苛求自己,也不要急于从负面情绪中逃脱。很多时候,事实远没有你想象的那么可怕。

2. 学会倾诉

有烦恼最好讲出来,找个可信赖的人说出自己的烦恼,也许别人无法帮你解决问题,但至少可以听你倾诉。

3. 多与喜欢你的人交往

遇到对自己友好的人，你应以同样的热情甚至是更多的热情来示好。同样，你的微笑，也会换来别人对你的友好。对于冷漠的人，大可不必在意他们的不友善，多关注那些对自己的微笑报以同样微笑的朋友，他们在给予你温暖的同时，还能让你拥有自信。

4. 不刻意迎合别人

压抑自己、迎合别人，是很多人在社交场合的想法和做法。但是，这样的方式既让对方无从了解真实的你，也让你自己觉得这样的交往流于表面，更无从唤起自己的真情实感，让自己在社交活动中找不到快乐，从而更加远离社交场所。

5. 不断思考

每天给自己10分钟来思考，不断总结自己，才能够成功应对新的问题和挑战。

现代社会，人们面临的生存压力越来越大，特别是网络时代的来临，把人们带进了新的社交领域，长期沉溺于网络虚拟世界使得越来越多的人同真实社会的交流越来越少，于是，社交中的交流技巧逐渐为他们所掌握，也因此使更多人宁愿躲在虚拟的世界里与人交往，而不愿意走出去，最终形成恶性循环，使人与人之间面对面的交往更加困难。

所以，在我们还没有彻底封闭自己，还有与人交往的愿望时，赶快走出来，勇敢一点儿，乐观一点儿。其实，大多数人都是友善的，甚至，对于你社交活动中出现的尴尬、不得体的语言行为，人们更多的会给予理解和宽容。走出自我封闭的圈子，走进人群中，很快你就会发现，生活中的快乐远比原来要多很多。

别让嫉妒毁了你的好人缘

嫉妒是对才能、名誉、地位或境遇等比自己好的人心怀怨恨，对别人的成就感到不快的一种心理感受。嫉妒是一种不健康的心理，是一种消极的情感表现，是一种性格缺陷。

大多数人从小都是争强好胜的，总是希望自己样样都比别人好。小时候总是认为说别人好就等于说自己不好，因而总是希望别人不如自己。但是，小孩子随着年龄的增长，逐渐会对自己的价值有一个正确的评价，他们会以成人的评价为标准，判定自己的价值，而不单单是不希望别人比自己好了。

其实，在许多成年人中也有不同程度的嫉妒心，不过大多数成年人在产生嫉妒时能够理智地做出正确的判断，从而控制自己的情感。也有少数人由于消极情感失控，因而采取不良的行为以寻求自己的心理平衡。

一连几天，利斯的心情都不是很好，不佳的心理状况直接导致他的健康状况每况愈下。其实，利斯心里很清楚，他原本是很健康的，是他的邻居克劳奇搬来以后，他才变成了现在这个样子。

本来，利斯的邻居克劳奇和他一样，有一辆凯特牌汽车，没想到前不久他竟然开了一辆新的劳斯莱斯牌汽车。

利斯知道自己的经济能力还没达到享受劳斯莱斯牌汽车的水平，因此，每当看到克劳奇开着车出来，他心里就会难受好一阵子。

利斯的朋友莱克斯送给他一只小狗，说是让他开开心。小狗很可爱，名叫汤姆。利斯给汤姆买了很多好吃的香肠。开始的时候，汤姆还吃一些，但是，自从见到了克劳奇，它便再也不肯吃利斯买的东西了。

汤姆总是用爪子去敲克劳奇家的门，于是克劳奇也会给它一些香肠吃，这样过了一段时间后，克劳奇也没有东西给它了。可是汤姆并不甘心，依然不停地用爪子去敲克劳奇家的门。克劳奇只好拿来一些吃剩的冷面包给它。令利斯吃惊的是，连他给的香肠都不肯吃的汤姆，竟然会吃邻居克劳奇给的冷面包！

可是当利斯给汤姆冷面包的时候，它却连看都不看一眼！利斯实在没办法，只好带着它敲开了克劳奇的家门。

利斯说："克劳奇先生，这只狗现在不吃我给的东西，它只吃你给的东西，不如你就收养了它吧。"于是，克劳奇高兴地收养了汤姆。

可是，没过几天，汤姆便用爪子来敲利斯家的门。

与前一段时间汤姆敲开克劳奇家的门一样，同样的情形，又在利斯这里重演了一遍。直到有一次，克劳奇跑来焦急地问利斯："您家里还有香肠吗？"利斯摇了摇头。克劳奇接着问："狗粮也没有吗？"利斯又摇了摇头。"那么，"克劳奇再次问，"您家里难道连吃剩下的冷面包也没有了吗？"

后来，汤姆还是被利斯的朋友莱克斯带走了。莱克斯告诉他，这是科学家最新试验出来的一种狗，因为给它加入了人类的嫉妒基因，所以它总是以为别人的东西都是好的。

利斯和克劳奇都恍然大悟。利斯当即向克劳奇道歉说："对不起，我不应该嫉妒你的劳斯莱斯牌汽车。"而令他惊奇的是，克劳奇居然也向利斯道歉："应该说对不起的是我，我嫉妒你家的房子比我的漂亮，所以我才将自己原来的汽车外加一个后花园卖了，买来一辆劳斯莱斯牌汽车，想让自己的心理得到一些平衡。"

人的本性是不满足，嫉妒正是人的不满足的本性的表现之一，是对己不如人的一种不满足心态。嫉妒也是人之常情，每个人或多或少都存在这样的嫉妒心理。嫉妒不能被完全理解为怨恨，只有一部分人会因不满足而产生怨恨。

有的人因嫉妒而积极进取，鞭策自己迎头赶上；而有的人却因为嫉妒，对别人忌恨仇视，诋毁中伤。

黑格尔说："有嫉妒心的人自己不能完成伟大事业，便尽量去低估他人的伟大，贬低他人的伟大使之与他本人相齐。"

生活不相信嫉妒，你有什么样的价值，生活自有评判，你的价值不会因你的嫉妒而增加，却会让你因为嫉妒而影响到自己的心情与声誉，最终不但苦了自己，还会殃及无辜。

别让羞怯性格遮住生活的阳光

在日常生活中，我们常常看到这样的现象：有的人不敢在大庭广众之下讲话，有的人在路上碰到熟人会因害羞而故意躲避，有些人在开会时，提前准备得很充分，一到关键时刻就掉链子……这种心理在心理学上被称为怕羞心理。

具有怕羞心理的人性格大多内向，气质属于黏液质型、抑郁质型或两种类型的混合型，怕羞的人一般神经系统都比较脆弱。在日常生活中，因为过分怕羞，还会妨碍工作、学习和人际交往。

害羞是一种害臊的心态，害羞的人不善于交际，也容易过多地约束自己的言行，以致在人际交往中显得过于腼腆，极不自然。

害羞并不是一个完全贬义的词，"适当害羞是一种美德"。现实生活中有些十分害羞的人，他们对自己信心不足，不喜欢公开亮相，无意与他人竞争，遇事犹豫不决，很不善于交际，但他们往往勤于思考，凡事多为他人着想。

害羞的人往往过分注重自我形象，担心自己的言行能否得到他人的承认、理解和尊重，这种表现不乏可爱之处，但有时也会阻碍人际交往。害羞不能超过一个有限的"度"，过度的羞怯，会使人消极保守，不利于个人发展，甚至有可能造成心理障碍。

如果你是一个非常怕羞的人，也不要着急，怕羞心理是可以克服的。如果你已形成怕羞的性格，不要刻意追求奔放和外向，因为怕羞的人也有很多优点。许多名人,如美国总统卡特,四次奥斯卡奖获得者、著名影星凯瑟琳·赫本等都曾有过害羞的心理特点。

要避免怕羞,关键是要少考虑自我,多考虑如何与人交往。要正确认识自己,承认“怕羞”是自己的弱项,当别人注意到你的这方面时,你才不会紧张或刻意地掩饰自己,才能采取随和的态度。

对于怕羞的人来说,千万不要为自己的短处而紧张,而要经常想到自己的长处,培养自信心,自己的能力才能发挥出来。

怕在大庭广众之下讲话、羞于与人打交道的人,最怕别人否定的评价。这样越怕越羞,越羞越怕,形成恶性循环。其实,被人评论是正常的事,不必过分看重。有时,否定的评价还有可能成为激励自己的动力。

如果你在陌生场合感到紧张,可用自我心理暗示让自己镇静,怕羞者在陌生场合勇敢地讲出第一句话之后,随之而来的很可能就是流利的语言了。只要敢于对害羞说“不”,并敢于在实践中克服它,就能很快走出怕羞的低谷。

在日常生活中,要学会尊重别人,不要整日表现得孤芳自赏,这样,别人会认为你太孤傲而不愿意与你接触。尽量为人热情、开朗,做出乐于与人交往的表示,只有乐于表达,使别人在与你的交谈中获得乐趣,别人才愿意与你交谈,你才能从怕羞的阴影中摆脱出来。

培养包容性格，拥有海纳百川的胸怀

宽容就是以宽阔的胸怀和包容的心态，去面对人和事。宽容不仅是一种与人和谐相处的素质，一种崇高的品德，更是吸纳他人长处、充实自我价值的良好思维品质。北京潭柘寺内弥勒佛旁有一副对联："大肚能容，容天下难容之事；开口便笑，笑世上可笑之人。"这副对联充分显示了佛家对宽容大度的看重。

在这个世界上，每个人都在走着自己的路，相互之间难免会有碰撞。即使最和善温柔的人，也难免有时伤到别人的心。说不定某个人曾经伤害了你的感情。但是，请你尽量忘掉它，忘掉你们交往时发生的不愉快的事情，原谅曾经伤害过你的那个人。

你必须学会原谅伤害你的人，原谅别人不是软弱的表现，而是宽容大度的象征。

第二次世界大战期间，一支部队在森林中与敌军相遇，经过一场激战，大部队被打散了，有两名来自同一个小镇的战士与部队失去了联系。两个人在森林中艰难地跋涉，他们互相鼓励、互相安慰。

十多天过去了，他们仍未能与部队联系上。一天，他们打死了一只鹿，依靠鹿肉又艰难地度过了几天，也许是战争使动物四散奔逃或被杀光，在这以后的几天里，他们再也没看到过任何动物。他们仅剩下的一点鹿肉，背在年轻战士的身上。这一天，他们在森林中又一次与敌人相遇，经过再一次激战，他们终于避开了敌人，脱离了危险。

就在他们自以为已经安全时，只听一声枪响，走在前面的年轻战士安德森中了一枪——幸亏伤在肩膀上！听到枪声，后面的战士惶恐地跑了过来，他害怕得抱着战友的身体泪流不止，并赶紧把自己的衬衣撕下来包扎战友的伤口。

晚上，未受伤的士兵一直念叨着母亲的名字，两眼直勾勾的。尽管饥饿难耐，可他们谁也没再动身边的鹿肉，第二天，部队找到了他们。

事隔30年，那位受伤的战士安德森说："我知道谁开的那一枪，他就是我的战友。他抱住我时，我碰到了他发热的枪管。

"我不明白他为什么要对我开枪，但是，当晚我就宽容了他。我知道，他想独吞我身上的鹿肉，也知道他是为了他的母亲而想活下来。"

此后30年，两人谁也没有再提及这事。直到有一天，俩人一起去祭奠那位战士的母亲。安德森说："那一天，他跪下来，请求我原谅他，我没让他说下去，我早已原谅了他。我们又做了几十年的朋友。"

海纳百川，有容乃大。当你学会宽容时，你的人生也会变得海阔天空。很多时候，宽容比报复更有力量。一位哲人说过一番耐人寻味的话：天空收容每一片云彩，不论其美丑，故天空广阔无比；高山收容每一块岩石，不论其大小，故高山雄伟壮观；大海收容每一朵浪花，不论其清浊，故大海浩瀚无比。

人难免有犯错误的时候，想想自己也有犯错的时候，自己无意中伤害了别人，是不是也特别渴望对方能够原谅自己！那么，原谅就先从自己做起吧，用自己宽厚的心去谅解别人的"恶"。

宽容伤害你的人，对别人是一种宽恕，让被宽恕者抱着一种感激，从而重新回头回报社会；宽容伤害你的人，对自己是一种解脱，自己心里少了一分恨，多了一分爱，你的人生会过得更幸福。

宽容是对别人失误的容忍，对别人伤害的忘却。宽容是一种释怀，也是对自己的善待。

宽容别人，实际上是为了得到别人对你更多的宽容。当你具备这样的心态时，你就能学习他人的长处，弥补自己的短处。

宽容待人是一种美德，同时也是一种修养，更是人生的真谛。如果你能原谅甚至帮助曾经伤害过自己的人，不但能显示出你的博大胸怀，而且还有助于“化敌为友”，为自己营造一个更为宽松的人际环境。

宽容是一种美德，是一种修养，能够宽容别人，表现出的是你良好的修养和美德，体现出的是你的大度和风范。

拥有宽容，学会尊重，设身处地地为他人着想，从对方的立场来看问题，这样能使自己的观点更客观，态度更冷静。

一个人要想成功，必须要有一颗和常人不一样的宽容之心。宽容别人，能得到别人的拥戴和认可，也才能尽可能多地采别人之长，补自己之不足，充实自己的价值和内涵，从而最终让自己成为一个有内涵、有才能、有度量的人。

幽默性格，让你轻松受欢迎

幽默是一种特殊的情绪表现，是一种人人喜爱的性格。它是人们适应环境的工具，是人类面临困境时用以减轻精神和心理压力的方法之一。幽默是真正的生活智慧，是经历过生活的坎坷和挫折，仍然能够保持一分达观、自信，绝不言弃的生活态度，是经过了大富大贵之后依然能够平和的人生心态……

生活中，人与人之间常会发生一些摩擦，有时甚至达到剑拔弩张、不可收拾的地步。这个时候，幽默能轻松缓解矛盾，使人们融洽和谐。一句得体的幽默话语，往往能使双方摆脱尴尬的境地。幽默轻松的性格，可以增加人类解除忧愁与烦恼的能力。在人际关系中，幽默感是一种丰富的养料。很多名人都具有幽默的性格，这使他们得以在公众场合轻松化解尴尬，同时，也赢得了更多人的喜爱和支持。

在一次南部非洲首脑会议上，曼德拉出席并领取了“卡马勋章”。

在接受勋章的时候，曼德拉发表了精彩的讲演。在开场白中，他幽默地说：“这个讲台本来是为总统设立的，我这位退休老人今天抢了总统的镜头，我们的总统姆贝基一定不高兴。”话音刚落，笑声四起。

结束讲话时，他又说：“感谢你们把用一位博茨瓦纳老人的名字（指博茨瓦纳的开国总统卡马）命名的勋章授予我，如果哪一天我没有钱花了，我就把这个勋章拿到大街上去卖。我肯定在座的一个人会出高价收购的，他就是我们的总统姆贝基。”

这时，姆贝基终于情不自禁地笑出声来，连连拍手鼓掌，会场里顿时掌声一片。

幽默是一种优秀的性格，是一种优美、健康的品质，是受欢迎的人必备要素之一。现代人常感到心理压力和焦虑，此时，幽默是最好的“减压阀”，它不仅使人的心情变得轻松愉快，而且有助于人在交际中左右逢源，化解尴尬。

在一次奥斯卡的颁奖典礼上，刚刚获奖的女演员正在上台领奖，也许是因为太兴奋、太激动了，她被自己的晚礼服长裙绊了脚，摔倒在舞台边上。

全场静默，还从来没有人在这样全球直播的盛大晚会上跌倒过。只见她迅速起身，从主持人手中接过奖杯，然后发表她的获奖感言：“为了走到这个位置，实现我的梦想，我这一路走得艰辛坎坷，甚至有时会摔跤。”幽默、真诚的话语使她成为那个晚上最耀眼的明星。

幽默是一把无形的保护伞，使自己在面对尴尬的场面时，能免受紧张、不安、恐惧、烦恼的侵害。幽默的语言可以解除困窘，营造出融洽的气氛。

你想成为受欢迎的人吗？那么你就要有点超越常人的幽默，并把这种幽默随时运用到你的生活当中。

1. 从容镇定

在与人交流时，尤其是在公众场合，无论你多么才气过人，也难免会有言语失当，让自己陷入尴尬难堪的境地的时候。这时首先要保持从容镇定，在此基础上，才会产生幽默。

美丽的财富女人杨澜，还在中央电视台做节目主持人的时候，在一次晚会上，正当她满面春风地向舞台上走去时，不小心脚下被什么东西绊着了，一下子跌倒在地，这让在场的观众和电视台编导人员都大惊失色。却只见杨澜不慌不忙地面带笑容站起来，掸掸礼服上的土，幽默地说了一句：“这一跤摔得实在不够专业。”众人听了都哄然大笑，一个尴尬的场面就这样被轻松化解了。

2. 适当的答非所问

在人际交往中,尤其是在一些外交场所,可能会遇到一些难以回答的发问,这时你要学会答非所问,以幽默的语言躲避锋芒。

南齐太祖萧道成提出要与当时著名的书法家王僧虔比书法,君臣二人都认真地写了一幅楷书。当齐太祖问王僧虔“谁第一,谁第二”时,王僧虔回答:“为臣之书法,人臣中第一;陛下之书法,皇帝中第一。”

一句妙答,既不失臣的尊严,又顾及了君的面子,使君臣之间的关系在幽默的调侃中更加融洽。

3. 用幽默展现你的宽容

萧伯纳外出,不小心被一个莽撞的骑自行车的人撞倒,骑车人忐忑不安地向他道歉时,萧伯纳打断他的话对他说:“先生,你比我更不幸,要是你再加点儿劲,那就可以作为撞死萧伯纳的好汉而名垂青史了!”

幽默的萧伯纳用善意的幽默给对方解了围,使对方在心里感激他的同时,更加佩服他的宽容和幽默。

在你的生活中加一点儿幽默,在你幽默的时候,你的自我感觉会变得更好。因为你的幽默,你也会收获好人缘,从而收获一个幸福而快乐的人生。

幽默可以淡化人的消极情绪,消除沮丧与痛苦。具有幽默感的人,生活充满情趣,用幽默来处理烦恼与矛盾,会使人感到和谐愉快,友好融洽。

有些人天生就浑身充满了幽默细胞,他们的生活自然比别人更多了几分精彩和轻松。但是,这也并不意味着没有这种禀赋的人,就只能一辈子刻板严肃,幽默的性格也是可以培养的。

那么,怎样训练、培养自己幽默的性格呢?

首先,积累幽默的素材。

知识的积累,是幽默的基础。如果你不能即兴幽默,可以多看一些幽默笑话,从中体会幽默的感觉,久而久之,便可以自己制造幽默了。同时,敞开自己的心胸,去接受各种不同的人和事物,让这些人和事物在你的心中留下痕迹,成为幽默感的酵母。

其次，要保持愉快的心情。

要有幽默就一定要保持心情愉快，心情愉快是幽默的“土壤”。如果你总是心情抑郁，总想一些不快乐的事情，本身自己就没有心情，又怎么能幽默起来呢。

如果你是一个有才而且心胸宽广的人，更可以经常地幽自己一默，给自己开个玩笑。这样不仅不会让人低看你，反而会对你刮目相看。

幽默对人心理的影响很大，它能使你的生活充满情趣。哪里有幽默，哪里就有活跃的气氛。没有谁不喜欢与谈吐不俗、机智风趣者交往。一个幽默的人，能够给朋友带来无比的欢乐，增加在人际交往中的魅力，因而备受欢迎。

幽默是一种丰富的调味品，它能丰富人的生活，让枯燥、平淡的日子变得令人回味无穷。幽默是一种健康的品质，一种优美的心灵处方，它能使人变得豁达开朗，即使在生活中遇到再大的挫折，也一样可以迎刃而解。

俄国文学家契诃夫说过：“不懂得开玩笑的人，是没有希望的人。”一个善于交际的人，如果同时也具有幽默感，那么无疑是非常具有吸引力的，幽默会让他的个人魅力锦上添花。

守信性格，帮你树立起个人品牌

不论在生活还是工作上，一个人的信用越好，就越能成功地打开局面，做好工作。你必须重视你自己所说的每一句话，生活总是青睐那些说话算数的人。不管你在什么情况下办什么事情，总要对自己所说的话负责。

明代《郁离子》一书中有这样一则故事：

济阳某商人过河沉船，拼命呼救，渔人划船相救。商人许诺："你如救我，我付你百两黄金。"于是，渔人把商人救上岸，商人只给了渔人80两金子，渔人斥责商人言而无信，商人反责渔人贪婪，渔人无言离去。

后来，这个商人又乘船遇险，再次遇上渔人。渔人说："此人言而无信。"众渔人停船不救，商人于是淹死河中。

"言必信，行必果，诺必诚"，这是中国传统中人的立身处世之本，每个人都要靠这样一个道德原则来规范自己的言行。在社会交往中信守承诺是做人的美德。"君子养心莫善于诚，至诚则无它事矣。"一个做事、做人都不讲信用的人，是很难在社会上立足的，因为人们均不齿于那些言而无信的人。

承诺是一件严肃的事情，它不是空头支票，不能只是停留在口头上，而要落实到实际行动中，承诺意味着责任，不只对别人，也是对自己负责。

一个心理成熟且品质高尚的成年人懂得承诺的分量，他不会轻易拿自己的信誉开玩笑，如果条件不具备，他不会给自己施加无谓的压力；而一旦做出承诺，他就会全力以赴。

一个人的诚实与信誉是获得良好人际关系、走向成功的基础，而能否兑现他许下的诺言则是一个人是否讲信用的主要标志。

承诺是一件非常严肃的事情，对于自己无法办到的事情，千万不能轻率应允。老子说过："轻诺必寡信，多易必多难。"因此，一旦许诺，就要千方百计去兑现。

清代顾炎武曾赋诗言志："生来一诺比黄金，哪肯风尘负此心。"表达了自己坚守信用的处世态度和内在品格。

信守承诺，讲究信誉，是处世的秘诀。一个信守承诺的人，走到哪里都会受人欢迎，反之，言而无信的人只能处处受到人们的鄙弃。

言必信，行必果，是做人的基本准则，也是人生的美德。在人际交往中，人们都喜欢诚实守信用的人，而讨厌那些油头滑脑、朝三暮四或者表里不一、出尔反尔的人。

良好的性格是处世的法宝

真诚待人，减少一些功利性

生活就像山谷里的回声，你付出什么，就得到什么；你耕种什么，就收获什么。你真诚地对待别人，同样你也会收获别人的真诚。古希腊政治家伯利克里说过："给他人以好处，而不是从别人那里得到好处。"真诚地关心别人，欣赏别人，别人才会真诚地关心你。

有这样一则寓言：

鸡和狗在一起闲聊。鸡似乎心里有些不平衡，说："我真的不明白为什么主人这么喜欢你？我几乎每天都会为主人生下一个白生生的鸡蛋，而你基本上什么都不干，只知道冲主人撒娇，一点实用价值都没有，可是主人就是喜欢你……"

狗大方地摇摇头："不！事情并不是你想象的那样！虽然你每天都生蛋，但是你生蛋后总是叫个不停，主人会觉得你是想以此换取食物，你的付出有着很强的功利成分，而不是出于真诚。"

鸡听得目瞪口呆："那你的小把戏就是真诚的吗？"

“虽然我不能为主人做什么具体的事情，但是我总是竭尽所能让主人开心。主人回家晚了，我会焦急地等待；主人生病的时候，我也会黯然神伤，静静地守候在他身边；即使是在主人贫困，无法给我充足的食物的时候，我也不曾嫌弃他而离开他。我对主人所做的一切，完全没有私心在里面，主人又怎么会感受不到呢？”

刚说完，主人又在亲切地呼唤狗，打算牵它出去散步了。

真诚地关怀别人就能获得别人的喜欢。狗对人的友善完全没有任何附加的动机，它付出的关怀完全是因为它喜欢你。即使你再穷，甚至你不开心时拿它出气，它也不会因此怀恨在心而离开你。

要真诚付出你的关怀并不是很难，最基本的做法有以下几点：

1. 朋友交往不要太过矫饰

在与朋友交流的过程中，如果你和对方的意见、看法不一样，或者是在指出朋友缺点和批评朋友过失的时候，应直言相告，而不必故意隐瞒和矫饰。

2. 赞美要真诚，但不要奉承

心理学家杰尔士说过一句话：“人性中最深切的需求就是渴望被别人赞美。”在交往过程中，适当地赞扬对方，会增强彼此之间的感情。你存在的价值得到了肯定，你就得到了一种成就感，赞美是一种推动性的力量。当朋友事业有成或者在某方面值得庆贺时，可以在适当的场合和时间给予真心诚意的祝福和赞美，并与之共同分享快乐。但是，对于朋友不要用一些外交辞令来赞美和恭维。因为，一个人真正想从朋友那里得到的，是善意的忠告和真诚的祝福，而不是华而不实的恭维话。

3. 安慰并给予实际的帮助

当别人遇到困难的时候，除了予以应有的安慰以外，实际的帮助更能体现出一个人的真诚。朋友遇到困难，遭遇了不幸，适当的安慰是必需的，这样可以暂时平复对方心中的痛苦和焦虑。但是，太多空泛的安慰，不仅不能让问题得到解决,有时反而会让对方一直陷于痛苦的心境中无法自拔。而根据实际情况,尽自己所能帮助朋友解决一些实际困难,倒是来得更实在、更真诚一些。

4. 站在别人的角度上思考问题

不要只想着从别人那里得到关怀,而应该多为别人考虑。你站在别人的角度考虑问题,别人自然会感受到你的真诚,并且会因此对你心怀感激,把你当做真心的好朋友。

用真诚相待,才能换来真诚的朋友。如果你想获得更多的朋友,想获得更多人的帮助,那么,首先就要先真诚地、不带任何功利地对待别人,久而久之,别人自然就会用同样的真诚加以回报。

真诚与守信在交往中具有重要意义。人本主义心理学家马斯洛认为,人际交往中最基本的心理保证是安全感,没有安全感的交往是难以发展的。只有抱着真诚的态度与人交往,才能使对方有安全感,才会觉得你可信。若一个人虚情假意,口是心非,那么交往中就会让人感到不安全,时时处处小心翼翼,就不可能成为相互理解和信任的朋友。

保持宽容性格，善待他人也善待自己

生活中人与人的相处，不可避免地会发生一些冲突或不愉快。能用一颗包容的心设身处地地去为对方想一想，对别人多一点谅解，便能拥有一个和谐的生活氛围。

与别人很好地相处，宽以待人是不可或缺的。所谓宽以待人，就是指对他人的要求不可过分，不强求于人，而是以宽容为怀，能让人时且让人，能容人处且容人。

一个人生活在社会中，要学会宽容别人，同时要懂得尊重别人，包括朋友、同事、熟悉的和不熟悉的人，甚至做错了事的人也是需要我们去尊重的……这本是一个浅显的道理，但却往往被我们忽视，以至于我们会无意中做出伤害别人的事来，有时甚至会伤害到自己。

在现实生活中，我们总是对自己很宽容，对别人很苛刻。自己说错话了，会说就这一次，下次不会了；自己迟到了，会说昨天工作太累了；因为赶时间闯了红灯，会说事情紧急，没有注意；得不到晋升的机会，会说自己生不逢时……

由于对自己的过多宽容，导致我们的错误一犯再犯；由于对别人过多的抱怨，让我们在身边再也看不到真诚的笑脸……

美国的父母常用这句话教育他们的孩子："当你伸出两个手指去谴责别人时，余下的三只手指恰恰是对着自己的。"

倘若我们能将自己挑剔的眼光收回来，用一颗宽容的心去看待周围的人和事物，我们就会发现，其实生活中拥有更多的阳光和友爱。

希望别人宽容自己，自己也应该宽容别人。不情愿别人苛求自己，也就不应该苛求别人。“将心比心”、“以责人之心责己，以爱己之心爱人”，就一定能豁达地宽容别人了。

你希望别人善待自己，就要善待别人，多给别人一些关怀、尊重和理解。宽以待人是一个道德水平较高的表现。那些最豁达、最能宽容别人的人，乃是最善于谅解别人的人。

总是把别人的过错和自己的失败收藏在自己心灵的模板上，时间久了，必定会因你心灵的壅塞而使生活灰暗起来，而这种心灵的重负终将把你整个人压垮。用宽容而富有弹性的心灵去包容一切，甚至再秉持一盏心灵的明灯，去寻找别人人性中的亮点，把别人心中的灰暗也一起照亮，那才是真正的豁达和涵养。

当一个人能宽恕别人的时候，压力才能得以缓解，心里才能找到平衡。这样，对于我们的身心健康都是非常有利的。

生命对我们是很宽容的。你不小心把手割破了，生命会让它长好；你吃错了食物，生命会通过反胃使你立即感觉到，好让你采取补救措施。生命并不埋怨我们，总是宽容我们，让我们恢复健康。只要我们思想上愿意合作，生命就会给我们带来和平与安宁。

生命宽容我们，我们也要懂得宽容别人。付出宽容，能收获健康的生命。

你常抱有一颗宽容心，其实是在保护自己。中医说：气伤肺，怒伤肝。你生气了，发怒了，怒火中烧的时候，你的肺和肝也在同时受到伤害。

宽容是深藏爱心的体谅，是一种智慧和力量，是对别人的释怀，也是对自己的善待，更是对生命的洞见，是一种人生的境界，宽容了别人就等于宽容了自己，宽容的同时，也创造了生命的美丽。

不知大家是否看过《第六枚耳环》的故事。

故事发生在经济大萧条时期的美国，经济危机造成了大批工人失业，很多家庭陷入了无法解决温饱的困境，社会治安也因此变得越来越差，很多人因生计所迫，走上了违法的道路。

刚刚毕业的曼莎小姐好不容易才找到一份在一家珠宝店当售货员的工作。就在圣诞节的前一天中午，店里来了一位30岁左右的男顾客，他虽然穿着很整洁很干净，看上去很有修养，但是，从他脸上的神色能很明显地看出，这也是一个刚刚遭受失业打击的不幸的人。

此时店里只有曼莎一个人，其他几个职员刚刚出去。

曼莎向他打招呼时，男子有些不自然地笑了一下，目光从曼莎的脸上慌忙地躲开去，仿佛在说：你不用理我，我只是来看看。

这时，电话铃响了。

曼莎赶紧去接电话，一不小心，将摆在柜台里盛放首饰的盘子碰翻了，盘中六枚精美绝伦的金耳环掉在了地上。曼莎慌忙弯腰去捡，可她捡回了五枚以后，却怎么也找不到第六枚。当她抬起头时，看到那位男子正向门口走去，顿时，她明白了第六枚耳环在哪里。

当那男子就要走出大门的同时，曼莎柔声叫道："等一下，先生。"

男子转过身来，两个人相视无言，足足有一分钟。曼莎的心狂跳不止，她自己也不知道接下来会发生怎么样的事情。

"什么事？"他终于开口说道。

曼莎极力控制住心跳，鼓足勇气，说道："先生，今天是我第一天上班，您知道，现在找份工作多么不容易，能不能……"

男子用极不自然的眼光审视着她，好一阵子，一丝微笑在他脸上浮现出来。曼莎终于也平静下来，她也微笑地看着他，两个人就像老朋友见面那样亲切自然。

"的确，的确如此。"男子脸上的肌肉颤动了一下，"但是我能肯定，你在这里会干下去，而且会干得很出色。"

停了一下，他向她走过来，并把手伸给她：

"我可以为你祝福吗？"

紧紧地握完手后，他转身缓缓地走出店门。

曼莎小姐目送着他的身影在门外消失，转身走回柜台，把手中的第六枚耳环放回原处。

这是一个宽容的故事。故事中的曼莎小姐明明知道第六枚耳环被那位男子拿在手中了，但是她却没有声张或高喊“捉贼”，也没有直接张口向那位男子要，而是以一颗宽容的心对待，以理解的心沟通。因为，对于男子的行为和处境，她是理解甚至是同情的。因此，她才能以宽容的态度对待对方的行为。而显然那位男子也体会到这一点，他也明白曼莎的处境同样非常艰难，同病相怜的感觉油然而生。在他看来，自己已经体验了失业的艰辛，对于这样一位宽容待人的女孩子，怎么可以让她因为自己的原因也遭受同自己一样失业的境遇呢？因此，他选择了改过。而曼莎小姐也因为宽容别人，使得自己的事业避免了一次波折。有了这样的胸怀，这样的宽容，这个世界会因为少了更多悲剧，而变得更加美好。

宽容和尊重是我们每个人都应具有的美德。能够宽容别人的人，能在事情陷入僵局时峰回路转，也能使紧张的人际关系变得柳暗花明。宽容是一剂良药，它使人与人之间的关系变得更加和谐。如果人人都能宽容别人，站在对方的角度去思考一下，给予别人应有的尊重，那么，我们的生活会显得十分美妙，处处变得和睦融洽。

宽容是人与人之间必不可少的润滑剂，是衡量一个人气质涵养、道德水准的尺度。在生活中，最珍贵的礼物是尊重和宽容。

把忍让修养成一种性格

我们每天都要与各种各样的人打交道，适度的忍让能让我们保持愉快的心情。人与人相处，难免会产生一些摩擦和磕磕绊绊，也难免自己的自尊心或者切身利益在有意无意间受到对方的一些伤害，无论处于什么样的情况，不甘示弱、针锋相对、以牙还牙的做法都是不可取的。

一个真正有气度的人，是善于忍耐的，在有理可争的情况下，他能够善待对方，能够得理也饶人，而不是只求自己痛快而肆意妄为。

一位先生到茶室喝茶，当他把柠檬与牛奶同时放入红茶中时，发现牛奶结块了。

于是，他冲着服务小姐大声喊道："小姐，你们的牛奶是坏的，把我这一杯红茶都糟蹋了！"

"真对不起！"服务小姐充满歉意地笑道，"我立刻给您换一杯。"

新红茶很快就端上来了，跟前一杯一样，茶碟边放着新鲜的柠檬和牛奶。

新茶上来后，服务小姐轻声地对顾客说："先生，我想建议您，如果您想放柠檬，就不要加牛奶了，因为柠檬酸会造成牛奶结块。"那位顾客的脸一下子涨红了，他匆匆地喝完茶就离开了。

后来有人问那位服务小姐："明明是他的错，而且，他还那么粗鲁地叫你，你为什么还跟他那么客气？"

"因为他粗鲁，所以要用婉转的方式告诉他；因为道理一说就明白，所以用不着说的那么大声，”服务小姐笑笑说，“理不直的人，常用气壮来压人。理直的人，要用气‘和’来交朋友！”

人在一生中要走过漫漫的人生路，也就会碰到很多不顺心的事。遇到问题时，只要在大是大非面前很好地把握住自己，坚守心灵的“防护堤”就行了，没必要凡事都斤斤计较。退一步海阔天空，在坚持原则的基础上，永远坚持“让人三分”的态度，才是真正的不失君子风度。

忍让，尤其是在自己有理的时候也忍让，表现出了一个人的涵养和品德。很多名人都有过这方面的经历。

一次，林肯驱车上街，遇到一队士兵在街上通过。林肯随口问一位路人：“这是什么？”

林肯的本意是想问是哪个州的兵团，但是对方却粗鲁地回答：“这是联邦的军队，你真是个大笨蛋！”

面对一个普通路人对自己的斥责，林肯只说了声“谢谢”，毫无怒容。

古语说：“用争斗的方法，你绝不会得到满意的结果。然而用让步的方法，收获会比预期高出许多。”忍让是一种境界，是一门人生的学问。

朱熹也曾谈过：“君子忍人所不能忍，容人所不能容，处人所不能处。”

大文豪苏轼也曾经指出：“君子所取者远，则必有所待；所就者大，则必有所忍。”他又说：“高祖之所以胜，项籍之所以败者，在能忍与不能忍之间而已矣。”

忍让不仅是个好习惯，更是一种理智的抉择、一种成熟的表现。一个人如果能养成宽容忍让的习惯，他就会获得别人的尊敬。忍让者总是以平和的心绪感化他人的浅薄，以宽阔博大的胸怀容纳他人的失误，最终以无可争议的事业成功来服众。

能忍善让是理性的以柔克刚、以退为进。能忍让者，意志必坚韧，肯定具有良好的心理素质与道德品质，也必定能得到大家的拥护与尊敬。

当然，我们有必要说明一点的是：适度的忍让是善让，而无限度、无原则的忍让是恶让。善让，可以以柔克刚，避免因恶而无事生非；恶让是无用者的别名，是人性的退化，是要坚决摒弃的。

拥有感恩性格，拥有美丽世界

“感恩”是一种对恩惠心存感激的表示，学会感恩，是为了将无以为报的点滴付出永铭于心。感恩也是感谢生活，感谢并珍惜自己所拥有和经历的一切！

感恩是一种情感、一种思想，感恩的心可以消融不安与浮躁。感恩让你以知足的心态去珍惜身边的人、事、物，让自己在平淡的日子里，品味生命的甘美与激情！

感恩是一种处世哲学，人生不会一帆风顺，种种失败和无奈都需要我们勇敢地面对。对生活满怀感恩，就能够跌倒了再爬起来，重新走向光明的前方。只有懂得感恩的人，才能坦然地面对人生中的磨难，也才能够顺利地通过生活中一个个的旋涡，直至到达成功的彼岸。

感恩，使我们在失败时看到差距，在不幸时得到慰藉、获得温暖，感恩激发我们挑战困难的勇气，进而获取前进的动力。

感恩不是纯粹的心理安慰，也不是对现实的逃避，更不是阿Q式的精神胜利法。感恩，来自对生活的爱与希望。感恩的心和惜福的心是一个人快乐的源泉。

懂得感恩，就会懂得尊重他人，发现自我价值。懂得感恩，就少了歧视，就会以平等的眼光看待每一个生命，重新看待我们身边的每一个人，尊重每一分平凡普通的劳动，也更加尊重自己。

两个人在沙漠中行走，正当他们口渴难耐时，遇见一位牵骆驼的老人。

老人给了他们每人半碗水。第一个人觉得这半碗水太少，根本解不了他的口渴，他愤怒地指责老人过于吝啬，抱怨之下竟将这半碗水泼掉；另一个人接过这半碗水，他知道这一点水也来之不易，虽然难以解除身体的饥渴，但他还是怀着感恩的心情，喝下了这半碗水。结果，前者因失去这半碗水而死在了沙漠之中，后者因为喝了这半碗水，终于走出了沙漠。

人应该懂得感恩，应该懂得珍惜你所得到的一切。与其追求我们想要的东西，不如感激现在所拥有的一切。

懂得感恩，不必在特定的时间、特定的地点表示你的感谢。在任何时候，只要你稍微驻足，看着周围的风景，你就会明白，我们应该懂得感恩：感谢天地给予了我们阳光、空气、水和粮食，如果没有这些，我们将无法生存；感谢我们的父母，在赋予我们生命的同时，含辛茹苦地把我们抚育成人，没有他们，就不会有我们的今生；还有我们的老师，他们用青春的代价，换来我们的长大成熟，没有他们，我们会被人生的泥泞困住；还有我们的朋友，我们的爱人……

自然界中，生命的整体是相互依存的，任何生物都不可能不依赖于别的生物而独立存在。无论是父母的养育，师长的教诲，配偶的关爱，他人的服务，大自然的赐予……每个人，从有生命开始，便沉浸在恩惠的海洋里。

一个人如果有了一颗感恩的心，他就是一个幸福的人。看到明媚的阳光，你会感恩；一顿丰盛的午餐，你会感恩；收到朋友的祝福，你会感恩；受到父母的鼓励，你会感恩。感恩的心随处都在，幸福也自然无所不在。

一个人真正明白了这个道理，就会感恩于大自然的福佑，感恩于父母的养育，感恩于他人的帮助，感恩于食之香甜，衣之温暖，甚至感恩于苦难逆境的磨炼。

生活中，我们需要感恩的实在是太多太多了……让我们来看看以下故事：

2008年5月12日，年轻漂亮的舞蹈老师汤鸿，正在帮学生排练迎“六一”儿童节的舞蹈节目，这时，地震发生了。发现险情后，她把学生推向墙角，把她们抱在自己怀中，垮塌的楼房倒在她的身上……她的尸体被找到时，她俯身趴在那面墙的角落里。她的怀里，三个女孩活了下来。

……

一个脸色惨白、目光呆滞的两岁小女孩在墙角舞动着小手，她身上压着一个面孔朝下的老妇人，老人身上还压着一个成年男子。男子全身几乎无一处完好，却生生顶住了塌下来的断梁；老人的头已经垂下没有任何反应，双手却紧紧将小女孩搂在身下……据了解，老妇人是小女孩的奶奶，成年男子是小女孩的爸爸。

……

太多太多的故事，让我们在感动的同时，还收获一分感触，我们需要感恩，我们的孩子需要学会感恩。

有一位名人曾经说过这么一句话："我们关心的远比我们知道的少，我们知道的远比我们所爱的少，我们所爱的远比我们所能爱的少，就这一点来看，我们表现得远比真正的我们少。"

对生活怀有一颗感恩之心的人，心态是平和的，心情也是愉快的，即使遇上再大的灾难，也能熬过去。学会感恩，让感恩之情来滋润我们的生命，这样，你就能在最简单的生活中找到快乐。

当我们感谢他人的佳言善行时，第一个反应是今后自己应该怎样做，怎样做得更好。也许这只是一种非常单纯的回报心理，然而于整个社会，则是非常有意义的良性循环。

怀着感恩生活，我们会把更多的美拿出来奉献给社会，拥有一颗感恩的心，我们会更深刻地认识到我们收获的珍贵；带着感恩上路，我们永远会对这个世界充满热情，永远会对生活充满希望，而我们的人生也会更阳光、更圆满。

为人处世要保持低调的性格

低调就是不争强好胜，不引人注目，不张扬，隐藏自己的能力不显示出来。低调是谦虚忍让、不强出头，不争名夺利。

低调，就是为人处世摆正自己的心态和位置，以谦虚豁达的胸怀，包容别人。低调做人，友善和气，不争人先，藏锋敛锐，从低微处起步。

传说，因为生存竞争太激烈，南亚地区的一个大象部落被迫向北迁徙，最后选定了东亚的一片丛林为落脚点。

这片丛林里，一直都只生活着一些小动物，诸如兔子、狐狸、松鼠等，身型庞大的大象来到这个小动物的世界里，就更显得庞大了。

在丛林驻扎下来的第二天，大象首领就颁布了三项规定：

第一，所有大象，不得对其他动物说大象是陆地上最大的动物。

第二，所有大象，都不能因为自己身形高大而趾高气扬，更不可欺侮其他小动物。

第三，所有大象外出时，都必须用树枝掩盖全身，只露出头部，以使自己显得尽可能小。

规定一出，大象部落里一片哗然，大家都觉得不可思议，难以接受。

“我们就是最强大的，有什么值得顾忌的？”

“我们本来就是陆地上最大的动物，我们为什么不可以光明正大地说出来？”

“执行这样的规定，有失我们大象的脸面！有损我们大象的尊严！”

这时,大象首领说话了:“这片丛林里,一直都只生活着小动物,我们的出现,无疑会让这里所有的小动物都感到不安全,他们会本能地防备我们。如果让他们感觉我们过于庞大,他们会将我们视为敌人,那样,我们就一个朋友也交不到,也无法得到外界的帮助。如果他们集中力量来攻击我们,那么,我们的处境将十分糟糕。”

人间高处不胜寒,尘世低处好安身。低调做人,是一个人安身立命的准则。

大象首领的决策,正是以一个低调的姿态,来掩饰自身的强大,从而避免让自己成为森林小动物们的众矢之的。

在整理历史遗迹时,专家们发现,在古罗马遗留下来的雕塑中,被人为破坏最多、最严重的,是那些以帝王豪杰为首的作品。尽管这些雕塑价值连城,但还是没能逃过一次次历史的劫难。无论是战争,还是革命,人们都会拿这些帝王豪杰的化身来开刀出气,毁得一塌糊涂。迄今为止,在古罗马保留下来的完整的艺术品中,没有一件是帝王人物,凡是显赫一时、驰骋江山的人物雕塑,几乎都被毁坏。保留最为完整的,倒是一些下等人的雕塑,其中一座为帝王进贡的男佣石雕最为完好:他单腿下跪,两手向上,托着一个果盘。无论是模样,还是形象,都是一副无比卑微的样子,让人看了,不禁唤起心中的怜悯,不忍心去毁坏他。

低调不仅是一种自我保护的方式,更是一种处世的智慧和艺术。低调做人,表现了一种平和的心态和宽宏的气度,让人在不知不觉中被这种气度所吸引,而不会因为他的低调而感觉其卑微。低调是一种境界,是一种海纳百川的胸襟,一种圆熟睿智的情怀。

做人低调,不代表卑微;做人低调,有时反而更能显出你的高贵。身居要职而低调的人,有一种“大隐隐于市”的大家风范。

何晶是新加坡总理李显龙的夫人,随着李显龙的宣誓就职,何晶也走到了新加坡的政治前台。何晶是一位精明能干却始终保持低调的商业女强人,对于她的身世和成就,在新加坡鲜为人知。随着丈夫正式宣誓就职,何晶才不得不开始在媒体面前“曝光”。

其实，早在美国《财富》杂志首次选出亚洲25位最具影响力的企业家排行榜上，何晶就已经排名第18位，与索尼集团行政总裁出井伸之、日本丰田汽车社长张富士夫及香港富商李嘉诚齐名。之所以一直到李显龙就职才引起人们的注意，正是缘于她低调做人的姿态。

低调做人是一种境界，一种风度，一种修养，一种去留无意的胸襟，一种宠辱不惊的情怀。甘于低调做人者，总能以平常心面对喧嚣的世界、纷扰的人群。一个人如果能够心情平静，处变不惊，这说明他有修养，且懂得忍耐，这类人短期内看不出其与众不同之处，但时间长了，一定会做成大事的。

低调的前提是你要有能力，要有足够的内涵。当你经历的事情多了，处理的事情多了的时候，你也就懂得了怎么做人，懂得了什么时候该沉默，什么时候该张扬。如果你没有足够的内涵，没有能力，也就谈不上是否低调。

当然，低调的性格也有缺陷，如果你本身能力不足，而且一直处事低调，那么，可能会在工作中因为疏于表现而一直得不到认可，这个时候，就不要过于低调，而应该学会适当地表现自己，给自己一个发挥自己才能的平台。

作为一个普通人，不论做什么，无需太沉默，亦无需太张扬，自然一点就行了。

淡泊名利的性格是拥有从容人生的前提

在现实生活中，名誉和地位常常被作为衡量一个人成功与否的标准，在人们心中，只有有了名誉和权力才算是实现了自身价值。所以追求一定的名声、地位和荣誉，已成为一种极为普遍的现象。

功成名就从一定意义上来讲并不难，只要用勤奋和辛劳就可以换取。但是，一般而言，你多得一分功名利禄，就会少得一分轻松悠闲。而一切名利都如过眼烟云，终究会逝去。

在现代社会生活中，有许多人不但对功名利禄趋之若鹜，甚至把它看成是一个人全部的生存价值。但是，盛名之下，是一颗活得很累的心，很多人不得不为名利所累，为名利所伤，一生追求幸福，却最终也无法得到幸福。旷世巨作《飘》的作者玛格丽特·米契尔说过："直到你失去了名誉以后，你才会知道这玩意儿有多累赘，才会知道真正的自由是什么。"

社会生活中，每个人都有自己的活法，对个人而言，各有各的追求；对社会而言，各有各的贡献。但是，除了追名求利外，人生还可以有另一种活法，那就是甘愿做个淡泊名利之人，粗茶淡饭，布衣短褐，静观人生百态。这样才能品味出生命的美好，享受到生活的快乐。

我们都知道塞翁失马的故事：

有一位老人，上街去赶集时不小心丢失了一匹马。邻居们都替他惋惜，老人却说："我虽然丢了一匹马，但这未必不是一件好事。"

众人听了，都感到老人很奇怪。

过了一段时间,老人丢失的马却自己跑回来了,而且还带回来了一匹小马驹。众人见了羡慕不已,但是,老人却忧心忡忡地说:“谁又知道这是不是一件坏事情呢?”

大家都以为老人一定是让好事给乐疯了,以至于连好事坏事都分不清。

几天以后,老人的儿子骑着马在院子里玩,一不小心把腿摔断了。

邻居们都过来劝老人不要伤心。老人却笑笑说:“也许这还是一件好事情呢?”

大伙都觉得,大概老人脑子受了太大的刺激,都悻悻地离去了。

事隔不久,战争爆发了,凡是身体健康的年轻人都被拉去当了兵,大多数人都战死在战场上。而老人的儿子因为腿摔瘸了,没有去当兵,待在家里平安无事。

老人对得失到来时的从容和冷静,不仅没有让他因为生活中的失去而变得不快乐,反而因此救了自己儿子的命。对于我们也是一样,人生得失无定时,我们随时可能会得到一些意料之外的东西,也会随时意外地失去我们拥有的一些东西。这个时候,要能够以平和的心态、淡泊的心境看待得失,这样,你才能平静地快乐地生活。无论得与失,不会因为你的喜或忧而多一些或少一些。你的心态不能决定得失的来去多少,只能决定你生活得是否快乐,那么,我们何不平和心态,看淡得失,让自己生活得快乐一些呢。

淡泊名利,是一种不被欲望所控制的思想,是一种超越世俗的境界。对名利看淡了,对人生才看清了,才能从从容容走人生。

我国著名人口学家马寅初先生就是一个淡泊名利、宠辱不惊的人。

当年,马老因“新人口论”被撤销北大校长职务。那天,他正在家里“接受隔离审查”,他的儿子从外面回来,说:“爸,你被撤职了!”

马老当时正在看一本书,就淡淡地答了一声:“噢!”

十几年后,国家为马寅初先生平反昭雪,又恢复了他北大校长一职。当儿子告诉他这个消息的时候,恰巧他也正在看一本书,也同样淡淡地答了一声:“噢!”

马老视荣辱为等闲，置得失于莞尔，这就是从容淡泊，是一种持久的心理定力，是一种大家风范。学会以淡泊之心看待名利，不仅是免遭厄运和痛苦的良方，也是一种超然于世外的智慧。

“不以物喜，不以己悲”是中国传统中道家的修身养性之道。流传了几千年，却还是有很多人不能读懂，不能学会。马寅初老人领会了其中的精髓，并把它应用到了自己的生活当中，让自己在那样的困境中能够走得从容镇定。

在一个人一生漫长的道路上，谁都难免经历得失荣辱的过程。大多成功人士都是经历过得失风波的，只不过他们把得失荣辱看淡了、看开了，因此，他们的心气平和，思维冷静。他们能够抛开这些荣辱得失，静下心来，全心全意继续自己的事业，从而最终获得成功。

大科学家爱因斯坦在报考瑞士联邦工艺学校时，竟因三科不及格落榜，被人耻笑为“低能儿”。小泽征尔这位被誉为“东方卡拉扬”的日本著名指挥家，在初出茅庐的一次指挥演出中，曾被中途“轰”下场来，紧接着又被解聘。被称为网络时代的巨人的马云，高考三次才勉强进入杭州一所师范院校，而厄运没有摧垮他们的原因，是因为在他们眼里始终把荣辱看做人生的轨迹，是人生的一种磨炼。

笑看人生起伏，坐观人生百态，是一种达观，一种超然世外的智慧。只有摒弃不必要的留恋与顾盼，才能集中精力耕耘出更美好的未来。

世上有许多事情的确是难以预料的，成功伴着失败，失败伴着成功，人生本来就是失败与成功的统一体。面对成功或荣誉，不要狂喜，也不要盛气凌人，而是要把功名利禄看轻些、看淡些；面对挫折或失败，不要忧悲，也不要自暴自弃，而是要把厄运羞辱看远些、看开些。这样就会赢得一个广阔的空间，得而不喜，失而不忧，才能在人生的旅途中把握自我、超越自我。

第7章 好性格让爱情婚姻甜如蜜

XINGGEJUEDINGRENSHENGQUANJI

爱情和婚姻是人们永不厌倦的话题，也是人们一直以来研究不透的谜。无论是爱情还是婚姻，都是需要经营的，就像经营你的事业一样。而经营好爱情婚姻的秘密工具，就是一个人良好的性格。

好性格让你爱情更甜蜜

勇敢性格，帮你收获美好爱情

爱存在于我们的生活中，很多时候，爱你的人一直在默默无声地向你发着求爱的信号，你却全然不知；或者，你一直默默地爱着某个人，却总是苦于羞怯而不敢去表达。结果，爱就在这过于迟钝的感觉和羞于表达之中与你失之交臂。所以，如果你感觉到了有人在爱着你或是你发现自己爱上了别人，那么，就大胆地把自己心里的感受表达出来，不要羞于开口，向你所爱的人大声说出你的爱意，用这样的方式表白，等于开启了彼此沟通的大门。

很多人都会这样说：爱情，就是一种缘分，可遇而不可求。我们没有找到爱情的时候，总会说："不着急，缘分还没到。"其实，有时候我们并不是缺少缘分，而是缺乏勇气和胆量开口说出爱，从而让自己错失了缘分。

无论历史上还是现实中，因为勇于表达，大胆表现而成功获得爱情的例子比比皆是。

法国著名的化学家巴斯德年轻时家境平平，既没有诱人的财产，也没有英俊的外表来博取姑娘们的欢心。但是，年轻的他有着一颗大胆、热情的心，这让他得以娶到了自己学校校长美丽的女儿为妻。

当年，他正在斯特拉斯堡大学任教，校长的女儿玛丽美丽聪慧，能娶到她是很多年轻人梦寐以求的事情。年轻的巴斯德虽然无财无貌，但是，他聪明热情，自信自己并不比别人差。他真诚地向校长、校长的妻子，以及校长的女儿各写了一封信，信中他告诉他们，自己有健康的身体、积极进取的工作精神和真诚热烈的爱心，并愿意把自己的爱心和热情献给美丽的玛丽小姐，也希望能得到玛丽小姐的厚爱。

没有想到，他的三封真诚表白的信，果然成为自己爱情成功的转折点，他最终如愿娶到了美丽的玛丽小姐。

著名作家普希金也“厚着脸皮”求了三次爱，从而获得了自己珍贵的爱情。1828年，在莫斯科的一次舞会上，普希金认识了16岁的拉泰利亚·尼古拉耶夫娜·龚佳罗娃。普希金对龚佳罗娃一见钟情，当即大胆求爱，但是，被龚佳罗娃拒绝，她的母亲更是不喜欢普希金。普希金并没放弃，1829年4月，他又一次大胆求婚，再一次被龚佳罗娃的家里人拒绝。1830年春，普希金从一位朋友那里听到龚佳罗娃和她的母亲对他表示好感的消息，他非常高兴，立即不失时机地再次来到龚佳罗娃家里求婚，终于得到了他们的同意，并很快喜结良缘。

向心上人表达爱情，这是一种最甜蜜、最微妙的情感活动，在时机成熟时，要勇敢、果断地道出你的爱意，让你爱的人知道你也一样爱他（她）。这样，你才能叩开美丽的爱情之门。

郑超和丽韦是一个单位的同事，虽然两个人不在一个部门，打交道的机会不太多，但是，在单位组织的一些大型活动中，两个人却总是有意无意地碰在一起。

在一次单位组织的舞会中，郑超看到了倾慕已久的丽韦也在舞会上，郑超的心跳得厉害。舞会上，人头攒动，七彩斑斓，可郑超什么都没看到，就只看到了丽韦。

只见她正站在窗子旁边，好似在漫不经心地看着旋转的灯光和舞池中的人们。郑超看了一会儿,毅然开始了他的行动。

他分开舞池中拥挤的舞者,向着站在屋子斜对角的她走过去。他走得很自信,很执著,没有一点犹豫,就这样一直走到丽韦面前,二话没说拉起丽韦舞到池中。

后来,丽韦成了郑超的妻子。

结婚后,丽韦告诉他,其实当时她并不像他看上去的那么漫不经心,她也很早就注意到了郑超,并一直默默地观察他。那次到舞会上来,她也是有目的的,当郑超径直走来时,她的心也跳得厉害,她在心中默默祈祷:"别停下!千万别停下!"

有一项调查显示:现代女性对男性最欣赏的,不是英俊的外表,也不是潇洒的风度,而是胆量!如果遇上自己喜欢的人,一定要让她知道,即使受到冷遇或拒绝,也比错过要好。

作为男人,如果你发现了有个女人值得你去爱,那么,勇敢地去正视这份爱,并抓住一切可能的机会把你的爱意传达给她。有时候,你需要做的只是站起来,勇敢地走上去,大胆地说出你的爱。当然,女人也一样,如果遇到了自己心目中的白马王子,也要大胆说出来,否则,也许转眼之间,王子就成了别人的丈夫。

爱情要靠自己努力争取,不要用缘分来解释所有错过。缘分从来都把握在自己手里。给自己一点儿勇气,大胆、果断、坦率地向心中钟情的她(他)说出来,也许你就此就能收获一份甜美的爱情。

自爱性格，懂得自我保护的女人最好命

人们都想轻易得到想要的东西，但大多数人都不会珍视随手可得的东西。女人越认真，付出得越多，男人有可能就越不知道珍惜。

人是一种很奇怪的动物，越是得不到的，越是感觉珍贵。当你把自己的全部身心都交给一个你爱的男人时，或许你的悲剧就已经开始了。

生活中，非常绝情的男人很少见，但是，女人付出了一切之后，男人的感情却慢慢消逝的情况却不少见。结果往往是女人带着眼泪离开，而男人却只是多了一份感情经历，为他日后在别人面前炫耀自己的魅力时增添了些许谈资。

所以，聪明的女人，即使爱到深处，也不要拿自己后半生的幸福来冒险，即使你觉得这个男人可以让你托付终身，也不要着急把身体交给他。这样的话，你的爱情很快就会陷入被动。

做一个爱惜自己的女人吧，世上永恒的爱情并不多见，你也不一定就是很幸运的那个人。在爱情的游戏中，受伤的总是女人。女人一生拥有的并非只有爱情，还有更多更多，在爱他的时候，也要学会珍惜自己。

对现代女性而言，就算爱他再深，也要有自己的底线。你可以为爱情失去很多，但是不能失去自己的底线。爱他的同时，更要爱自己。

女人和男人在爱情和婚姻上面，本来就是不对等的。爱情对于女人来说是生命中第一重要的事情；而对于男人，生命中第一要义往往是事业与成就，而不是爱情。这种观念上的差别，往往导致女性无论付出多少，都不会

得到同等的回报。

爱情有很多内涵，有尊重、有欣赏，还有吸引。

当你为爱、为他心甘情愿地失去“自我”后，就有可能失去他对你曾经有过的尊重与欣赏，也就失去了对他的吸引力。

你放弃了自己的事业，投身于繁杂的家务事中，只为做一个成功男人背后的女人。你对他的百般忍让，却让他忽视了你的存在，使他自我膨胀……你默默地付出，被家务劳碌折腾得满面风霜、风采尽失，他却毫不领情，甚至不再对你有兴趣。

这种“善无善报”的结局是残酷的，却也实实在在地存在着。

有一个很古老传说：

一位美丽的妻子很爱她的丈夫，为了救治丈夫快瞎了的眼睛，她把自己的一只眼睛作为神圣的爱情礼物送给了丈夫。可是，当丈夫恢复视力，重见光明时，妻子却变得十分丑陋。很快地，丈夫忘记了妻子为他所做的牺牲，开始厌倦丑陋的妻子，终于有一天，他抛弃了他曾经美丽的妻子。

类似的情况在现实生活中却也并不稀奇：为了丈夫顺利出国求学，痴心的妻子卖掉家中所有值钱的东西，甚至连房子也卖掉，一心指望丈夫成功以后夫妻团聚，最后等来的却是丈夫的一纸离婚协议。

从某种意义上来说，我们并不反对为了对方做出牺牲，爱情本身就意味着为了对方要牺牲一些自己的利益，为了自己所爱的人，自己做一些付出，做一些牺牲都是有必要的。但是，作为女人，一定要懂得，在付出的同时，在爱对方的同时，也要懂得爱自己。

不要做那种为了爱什么都可以放弃的女人，如果为了他，你可以放弃一切，包括生命和尊严，那你的爱情也会更加迅速地背叛你。

为了爱情可以什么都放弃的人，本身就失去了自我。做人没有了原则，也就谈不上什么魅力了。没有了魅力，最终也只能落个被抛弃的结局。一个不把自己当回事的人，没人会把你当回事。

即使爱到最深处，也要留有自己的尊严。要想爱得有尊严，最重要的是保留自己的性格和特质，不会因为爱而付出一切或放弃自己的追求。例如事业上的成功感和快乐，行为的自由和洒脱……

爱情对人生来说不可或缺，但爱情并不是人生的全部。沉迷于爱情当中太久，只会令你的世界越来越虚妄。当他与你的价值观不同时，首先你要了解有没有必要去改变自己，然后，再去研究怎么样去改变。

有智慧、有条件的女性，早已了解自己的定位，清楚自己的价值，所以一切都忠于自己，即使有一天遭拒绝或分手了，也能让男人知道，并非没他就不行！

没有爱情的人生是有缺陷的，但只有爱情的人生是单调的。为了爱放弃金钱、地位是值得的，但为了爱情放弃一切却是愚蠢的。人不能只为了爱情而活，没有爱情，人生照样可以精彩。

娇羞性格，女人征服男人的软魅力

女人的娇羞，是拨动男人心弦的法宝。作为一个女人，尤其是恋爱当中的女人，一定要学会“娇”，而且，更要知道“羞”。传统女人“娇羞”的美丽，是一种软魅力，在爱你和你爱的男人面前，“娇羞”是他们无法抗拒的。

在这个大胆开放的时代，女人已经与男人一样，可以自己撑起一片天空。她们可以充满自信地走在世界的任何一个地方，任何一个行业。在她们身上，已经越来越难得看见“娇羞”的模样。但是，“娇羞”对于男人来说，仍然是女人很有魅力的地方，无论在什么时候，“娇羞”都是征服男人的美丽武器。

“娇羞”，确切地说，可以分为两个词，“娇嗔”和“羞涩”。我们先来说一说“羞涩”：

羞涩是人类最自然、最纯真的感情外显，它往往伴随着甜蜜的惊慌、异常的心跳，还有脸上荡漾的红晕。对于女人来说，羞涩是一种美，是一种特有的魅力。女人一张含羞带娇的脸，是一首人世间任何一位诗人也作不出的诗。

羞涩犹如披在女性身上的神秘轻纱，增加了她们的迷离、朦胧之感。这是一种含蓄的美，美的含蓄；是一种蕴藉的柔情，柔情的蕴藉。

自古以来，人们都习惯将女性称为“红颜”，“红”更多的是指女人的羞涩。绯红的羞涩象征着女性的柔美。

羞涩与大方爽朗也并不抵触，羞涩是女性内心感情的一种真挚的体现，尤其是在同男性交往的时候，适度地羞涩，绝对让对方给你的印象加分。

如果同自己心爱的人在一起的时候，羞涩更会让你身边的他感受到一种别样的美丽。所以，适当的羞涩是提高女人味的又一法宝，作为女性的你，千万不可忽视哦。

娇的更深层含义应该是“娇嗔”，一个聪明的女人，不仅要会娇，更要会嗔，轻轻一嗔，就有着四两拨千斤的魅力。不会嗔的女人，仿佛不会动的华丽木偶，缺少了灵动之气。

女人撒娇，是天性，也是艺术。恋爱中的女人要学会“娇”，但是，女人撒娇应该是有分寸的，而且女人撒娇也是要分场合的。不要以为“娇”就是发嗲，不分场合的发嗲会让人哭笑不得。

撒娇，能让任何坚强的东西为之融化。撒娇的前提是有爱在里面，撒娇的女人总是情意绵绵，因为有爱在里面，所以，撒娇的后面是柔软的世界。要想在男人面前千娇百媚，并让他“娇”你，必定要先“娇”他，男人也是需要有人“娇”的。

女人的娇柔能使男人迅速成长，激发他们的男人本色，使他们更像个男人。男人有时候会因为在外面打拼，事业上遭遇不顺，而一度心灰意懒，没有了自信。这时候，如果自己的女友或是妻子在适当的条件下对他们撒一下娇，就会让他们重新感觉到自己的重要性。因为对于女友或是妻子来说，他们是独一无二的，是她们的支撑，男人会觉得自己必须站起来让女人来依靠。

撒娇是恋爱中不可缺少的调味料，它让女人变得更加娇媚，同时也激起了男人的保护欲，增强了他们的自尊心和责任心。对于男人来说，有一个娇小、美丽的小女人在自己身边依偎，是件很享受的事情，而能当美丽女人的“护花使者”，更是值得夸耀的事。

撒娇在婚姻生活中也是必不可少的兴奋剂。恋爱时，有很多男人就因为自己的恋人有一副娇滴滴的声音，有着美丽的娇柔而让自己心神荡漾，从而迷恋上对方的。进入婚姻生活后，夫妻双方虽然没有了以前的神秘感，但在男人看来，妻子仍然是娇小和需要保护的，妻子应该懂得适时地向丈夫撒一下娇，妻子的撒娇，会让男人感觉到一种责任，让男人得到一种强大的自信心。

日本电影明星小野浩二的夫人就是个很懂得撒娇的女人。在他们刚结婚时，他们的生活异常清贫。当时的小野还默默无闻，为了让自己的丈夫感到自己对他的依赖和爱意，小野夫人在自己丈夫的手心写了一个爱字，这是无声的撒娇。小野成名后，他在心底里永远忘不了自己的妻子对他的帮助和鼓励。

爱撒娇的女人是丈夫努力的动力，她们用自己娇柔的声音抚慰着疲惫的男人，给他鼓励，促其奋进。

不懂得向自己丈夫撒娇或者认为撒娇是一种矫饰行为的女人，反而会让自己的丈夫有压力。因为，在男人看来，自己的妻子很坚强，不需要他们，他们会觉得自卑，感到没有男人的尊严。甚至为了找回自己的自信，他们会转向另外的女人，最终会使自己的婚姻生活走向灭亡。

 细心,魅力男人不可或缺的性格

很多女孩子都有过这样的经历:自己从美发厅出来,梳着一个新发型,或新穿了一件漂亮的衣服,兴致勃勃地等待男友赞美的时候,男友却好像视而不见。其实,女人都喜欢被重视的感觉,女人改变自己,有时候仅仅是想引起男人的注意或得到几句赞美。

她们对男人并没有太多的要求,作为男人,只要你有意无意地问一声,她就会感到满意,就不会因为你的无动于衷而独自生闷气了。女性改变自己,一般都不会做太大的改变,即使她们想改变一下自己一贯的形象,也不会大换装,而往往只在细节上反复琢磨,做一些细微的改变。对于女人来说,你能发现她身上的微小变化,她就会有一种被认同的满足感。

但是,太多男人低估了在这些平常而细微的事情上表示体贴的重要性。他们没有意识到,关注一些小小的细节,就能成就圆满的爱情。

不要总认为,细心应该是女人的事,其实,男人也需要细心。无论在恋爱还是婚姻生活中,男人的细心,能让女人更真切地感受到来自自己另一半的关心和体贴;男人的细心,能让女人更加感受到家的温暖和安全,从而对你更加信赖;在恋爱阶段,男人的细心,会让女人觉得这个男人可以让自己一辈子依靠,值得自己以身相许,因而成为一个两个人从恋爱到走向婚姻的转折点。

有个女孩,年纪不小了,却一直找不到自己心仪的男朋友。没有找到合适对象的原因,并非她的条件不够好,她也不是那种要求非常苛刻的女孩,

但是，每次跟别的男孩相处时，总有一种说不出来的感觉，让她无法把自己的心彻底交给对方。

事情一拖再拖，终于在某一天有了转机。

女孩经人介绍约见了一个男孩，男孩文质彬彬，是大多数女孩都喜欢的那种，两个人也能谈到一起，彼此印象都不错，可是，女孩总是觉得两人之间似乎还欠缺点儿什么。

终于，有一天，女孩找到了自己一直说不明白的那种感觉：

这天，男孩邀请女孩子到他家里吃饭。吃饭的时候，人很多，桌子有点儿小，席间碰杯举筷多有不便，于是女孩子便减少了举筷子的次数。

男孩很快就发现了，他起身离席，跟女孩身边的人换了个位子，坐到了女孩的左边。

而且，从那以后，每次吃饭，男孩都要坐到女孩子的左边，两人都没有明说，但是他们心照不宣，因为女孩是左撇子……

女孩终于找到了她想要的，男孩这一个小小的举动里充满了爱的温暖，女孩的直觉告诉她：他就是今生自己期待的那一个。

男孩的细心和体贴，让这个美丽的女孩体会到了她一直寻找的温暖和关心，女孩在心底里感觉到了男孩对自己的重视和体贴。身边有这样的男人还不嫁，还要再找什么样的人？

在大多人的头脑中，男人都是粗线条，男人心细显得有点婆婆妈妈。其实，细心不是女人的专利，男人一样需要细心。无论在恋爱还是婚姻生活中，男人的细心都会让女人感觉到格外的温暖。

劳勃·布朗宁和伊丽莎白·巴瑞特·布朗宁的婚姻，在历史上可以说是最美妙的了。劳勃·布朗宁永远不会因为忙，而忘记在一些小地方赞美和照顾太太。他细心体贴地照顾他残疾的太太，让他的太太非常感动，以至于有一次她在给姐妹们的信中写到：“现在我开始觉得我或许真的是一位天使。”

布朗宁夫人因为丈夫的细心体贴，而竟然忽略了自己的厄运，让自己感觉自己就是一位天使，这是一种多么美妙的感觉！

其实，无论是夫妻还是恋人，相互之间并不需要太多的甜言蜜语，很多时候，彼此之间一个细微的小动作，一句贴心的叮咛，甚至只是一个怜惜的眼神，就足以让对方感受到温暖和关爱。

爱情是需要经营的，如果你是个细心的男人，无论你现在正处于恋爱阶段还是已经步入婚姻生活中，你身边的女人都是幸运的，你细致入微的体贴，会让她们感受到你的温情和爱心，从而会死心塌地地跟着你一直走下去，无论你是贫穷还是富有。

如果你是个粗线条的男人，那么，请试着让自己变得细心一点儿。女人是很容易满足的，你只要在细节处多给她一点儿关爱和体贴，她就会觉得你很重视她，很爱她。其实，男人要做到这一点儿也很容易，你只要在心里为她多留一块儿位置，你就自然地会在一些小的地方也想到她，就会注意到她的一些变化。尝试着做一做，你会发现，你们的关系会因此有很大的改变。

男人要果断，犹豫不决抓不住爱情

果断，就是在遇到事情时，能够迅速地做出判断和决定，并勇敢地承担起由此而引起的一切后果和责任。大凡事业有成的人，都是性格果断的人，他们遇事不犹豫不徘徊，看准目标就果断出击。

果断的反面就是犹豫不决、优柔寡断。优柔寡断的人，在做出任何决定以前，都会瞻前顾后，谨小慎微，即使对待极为微小的事情也是如此。结果，很多机会就在他们的思前想后中走掉了。

对于一个男人来说，果断的性格更是其人生之必需，无论是经营事业还是经营爱情，如果没有果断的性格，遇事犹豫不决、优柔寡断，那么，最终将会一事无成，甚至连自己的爱情也会因为犹豫而受到阻碍。

一个在恋爱中的年轻人，周末休息时，很想到他的女朋友家中去，约女朋友一起出去玩。但是，星期天早晨起来，他就犹豫了，他唯恐去了之后，女朋友还在休息，打扰了她休息会惹她不高兴。等了一会儿，他想着还是去吧，也许女朋友现在正没事可做，想着等他一起出去呢，如果自己不去，女朋友会怪罪他的，于是，他决定还是去吧。等到他下定决心，收拾好东西准备出发时，却发现天已近中午，如果这时候去，正好赶上快要吃中午饭了，好像要到人家去吃饭似的，这会让女朋友看不起他，还是下午去吧。

吃过午饭，总算出发了，而一路上他还在犹豫不决，去还是不去呢，已经是下午了，安排去哪里玩儿时间都有点儿紧了，万一女朋友因此拒绝他怎么办？或者，即使女朋友不拒绝，肯定也会在心里埋怨他，况且，已经是下午了，安排去哪里玩合适呢？

就这样一路上犹豫着，他来到了女朋友家门前。他开始按门铃，这个时候的他，甚至希望按过门铃后没有人来开门，那样，他就可以顺理成章地回去了。果然，门铃响了三声，没有人答应，他的心里倒好似一下子踏实了，他没再等待，迅速地转身回去了，连头也没回，好像恐怕再有人开门出来似的。

其实，他的女朋友那天一直在家，等着他约她一起出去。他去的时候，正好赶上门铃坏了，但是，他没有敲门，所以，女朋友一直不知道他去，也没有得到他的任何解释，因此对他也有些心存不满。

虽然，后来这个年轻人跟女朋友说清了情况，但是，女朋友对于他如此犹豫不决的性格感到很吃惊，继而对他产生了一定的厌烦情绪，最终，两个人没有走到一起。

这个故事有点讽刺意味，故事中的年轻人太过犹豫了，让一般人都无法接受。真正的现实生活中，性格如此犹豫的人并不是很多见。但是，因为自己不能快速决断、果断出击而造成爱情丢失的人却是屡见不鲜的。让我们来看一看这个真实的故事：

在一家IT公司上班的王晓聪慧美丽、热情大方，公司上上下下没有人不喜欢她。IT界的小伙子都是头脑聪明的精英，而能在IT公司占据一个不错位置又如此漂亮的女孩，更是难得。因此，公司里几个正在寻找意中人的年轻小伙子，总是有事无事地围着她转。不过，任何事情都会有例外，几个精英当中，最精明强干、风流倜傥的吴晓明，看起来对王晓却总是一副不屑一顾的神情。

就在大家都挖空心思讨好王晓时，却忽然有消息传来，王晓“名花有主”了，男朋友竟是公司里最不起眼的张志诚。

其实，从王晓一到这家公司，吴晓明就喜欢上了她，从王晓的眼神里，吴晓明也能看出，王晓也喜欢自己。

但是，吴晓明是公司的帅哥，又是一级主管，平时身边总有女孩子围着他转。因此，对于王晓，他虽然喜欢，却并没有急着去追，他要等着“鱼儿”自己上钩，他相信自己有这个魅力。因此，当另外几个男孩拼命讨好王晓时，他却能够稳坐钓鱼台，不急不恼，静观其变。他想着，用不了多长时间，王晓就会厌烦了其他几个人的追逐，转而回过身来追求自己，因为他知道，王晓也喜欢自己。

然而，事情却意外地出了差错，他一直静观，却没有看出其中的变化，如此漂亮的王晓竟然投入了张志诚这个全公司最“笨”的男人怀抱。吴晓明如梦方醒，但已是悔之晚矣。

在这场爱情的角逐中，吴晓明本应该胜券在握的，因为，王晓本来是喜欢吴晓明的，但是，吴晓明的犹豫、高傲，让王晓最终没有来到他的身边，他也失去了一个好女孩的爱情。吴晓明眼见着就要到手的鱼儿跑掉了，他没有输在自己的能力上，却输在了自己的性格上。而对于很“笨”的张志诚，因为自己的大胆和果断，在认准目标后果断出击，从而最终得到了他本来有点不敢企及的爱情。

因此，男人在碰到自己心仪的女孩时，千万不要畏首畏尾、犹豫不前。好女孩是大家都喜欢的，你犹豫着不好意思开口，不能果断地出手，那么，等到你想出手的时候，很可能已经有人先下手为强了，到时候，你甚至连后悔的机会都没有了。

幽默性格，获取爱情的最佳手段

生活中我们有时候会遇到这样的人，他们平时说话不多，甚至有点儿内向。但是，有时候会冷不防地给你来一下超有水准的幽默，会笑倒身边一大批人，这些人被人们叫做“冷面笑匠”。

有个心理学家曾经说过：“具有幽默感的男人，是一个幸福的男人。”具有幽默感已成为现代好男人必备的素质之一。幽默感在男人的性格魅力中占有很重要的比例，很多女人的择偶条件之一就是对方要有幽默感，幽默的男人是稀有的精神贵族。有一个故事这是样说的：

在一次航空俱乐部的聚会上，一位漂亮的空中小姐身着晚礼服，颈上系着一个闪闪发光的小飞机垂饰。这时，一位仰慕这位漂亮女孩很久的年轻军官，悄悄来到女孩身边，轻声说：“小姐，你挂着的小飞机真漂亮，但是，更漂亮的是……”年轻军官停了停接着说，“更漂亮的是机场。”

女孩开心地笑了，她大方地接受了年轻军官的邀请，与其一起共舞。再后来，漂亮女孩成了年轻军官的女朋友。

爱情的表达本无定式，直率与含蓄各有利弊。无论是直率还是含蓄，幽默都能在求爱的过程中起到画龙点睛的作用。同时，如果对方不同意你的求爱，幽默还能帮你化解被拒绝的尴尬，同时还能掩饰其中的唐突。

幽默永远都是吸引视线的最佳武器，当一个男人展现出他的诙谐幽默时，没有人会不喜欢他，他的睿智与机敏让世界都仿佛在围绕着他转。

男人的幽默不是耍贫嘴，不是小丑式的花招，他们的幽默感源自于丰富的学识和内心高雅的情趣，想要幽默，必须具有深厚的文化底蕴。

幽默是一种修养，是一种高层次文化修养的外在表现，幽默与粗俗浅薄、低级趣味格格不入，真正的幽默能让人在微笑中思考。

幽默是一种人生智慧，是一种文化。幽默是才华的表现，是智慧的流露；幽默是一种审美情趣、艺术修养和文化素质的外在表现。

一个小伙子爱上了一个女孩，于是，他给这个女孩写了一封信，他在信中说："我中箭了，是丘比特的金箭，我祈求你同样中箭，不是中了铜箭，而是同样被丘比特的金箭射中。"

传说爱神丘比特有两只箭，一支金箭，一支铜箭。同时被金箭射中的一对男女能够缔结良缘。如果一方中了金箭，另一方中了铜箭，那中金箭的一方便只能"单相思"。小伙子正是巧妙地运用了神话，给女孩留下了良好的"第一印象"。

幽默是一种人生态度，也是一种境界和品味。幽默好比化学反应中的酸碱中和，常可以化干戈为玉帛，使剑拔弩张的双方相视一笑，握手言和。

幽默是一串欢笑，它使人在悲剧的忧伤愁苦氛围中，闻到一丝喜剧的气息。

富兰克林1774年丧偶，六年后，当他在巴黎居住时，喜欢上了他的邻居——一位迷人而有教养的富孀艾尔维斯太太，并决定向她求婚。富兰克林在给艾尔维斯太太的情书中说，他见到了自己的太太和艾尔维斯太太的亡夫在阴间结了婚。接下来他又写道："我们来替自己报仇雪恨吧。"这封情书被誉为文学的杰作、幽默的精品。

对于恋人来说，双方之间的默契和幽默具有一种特殊的作用：它能使双方在片刻之间发现许多共同的美好的事物，它能使时间和空间暂时消失，只留下美好、欢乐的感觉。

在家庭中，幽默的男人也是一大宝贝，家庭生活中的锅碗瓢盆等琐事，常常引发一些冲突，而幽默的男人，能让这些冲突变成锅碗瓢盆交响曲，在不经意中激起双方感情上的浪花。

在生活中，幽默的男人朋友多，无论男人还是女人，都愿意与幽默的男人交朋友。幽默的男人，每一天都充满着活力，只要有他在，生活中就不愁没有欢乐的笑声，不论在哪个场合、那种境遇都能创造一个轻松、欢笑的氛围。

幽默的男人，有情有义而且善解人意，他们懂生活，机敏、风趣、达观、爽朗，他们对女人有超强的吸引力，讨女人喜欢，却不会招惹是非。

男人幽默大致有以下几种类型：

(1)讽刺幽默型。这是最具幽默感的一种，这种人常常一张嘴，就能博得满堂大笑，很多人甚至无法跟得上他令人回味无穷的讽刺和笑话。

(2)天真幽默型。这种男人热情真挚，童心未泯，他常常会把一些过时的、无聊的笑话，兴致勃勃地重新讲给你听，幽你一默。

(3)政治幽默型。一般这种人会对涉及政治类、国家领导人之类的笑话津津乐道，这种男人在恋爱对象的选择上，也喜欢冒险和刺激，丰富细腻的感情对他来说纯属多余。

(4)激情幽默型。这种男人喜欢在公开场合展现自己的幽默，他们一般都有很强的虚荣心，非常渴望获得他人的赞誉和赏识。拥有大量观众和听众时，他才能获得最大的满足感。

男人幽默不仅可以活跃气氛，给人愉悦的感受，同时还可以淡化自己的消极情绪，许多在别人看来令人痛苦烦恼的事，他们却能应付得轻松自如。具有幽默感的男人，生活中总是充满情趣。

男人的幽默，能够帮助自己战胜愁苦、超越痛苦。有了幽默，人就永远不会失败，只有一千次、一万次跌倒后的重新站起来。

有人这样说过：男人！要么有钱或有权，要么有才或有貌，如果这些都没有，那就多些幽默吧。如果连幽默都没有，那你可能就是个失败的男人了。

好性格让婚姻幸福美满

女人性格独立，夫妻才能找到适当距离

美满的婚姻是每个女人都向往的，幸福而完美的人生，因婚姻的坚定而绽放美丽的光彩。

婚姻是女人的一个美丽的圈子，不管成功还是平凡的女人，最终都会跳到这个圈子里，至于圈子里是幸福还是痛苦，那要看她的造化。说是造化，最终还要看女人自己怎样看待这个圈子，怎么看待其中的感情和其中的人。

沉醉在爱情中的女人，很容易爱得没有了个性，没有了自我，而且，越是在乎男人，就越会没有原则，直至最后慢慢纵容男人的一切坏习惯；可是男人却不会因此而感恩戴德，反而习惯于你的付出，甚至会觉得你很烦很俗，很没有个性，并且开始变得不尊重你了。

而男人总会把自己的变心或者厌倦，都归罪于女人。

女人为家庭做出了牺牲，放弃事业做起家庭主妇，他会说你不修边幅，说你俗气，甚至因为怕你丢了他的面子而不愿意带你出去；而如果女人坚持有属于自己的事业，男人就会说你不顾家，不是一个称职的妻子。

所以,对于已经投入家庭生活中的女人,一定要坚持自己的个性,不要随便把男人们甩过来的包袱都背上。对于男人而言,女人如果过于看重他,也就是昭示他可以轻而易举地主宰你的感情和幸福,在这一点上,女人首先就输了。

婚姻中单方面的过度付出,不仅会使另一方习以为常,而且还会使其水涨船高地提出更高的期望。

爱情人格完全不平等的男女之间,不可能有真正的爱情。

女人把男人当成自己的全部,过度依赖男人,那么,女人自己就会慢慢地与社会脱节。

当你发现自己已经习惯于仰视对方时,一定要明白这样一个事实,那就是,当你高昂着爱情的头颅仰视对方时,对方正在俯视你。你仰视的角度越大,你们之间的差距就越大。

小旭和丈夫是经人介绍认识的,当时感觉还可以,很快两人就结婚了。婚后的生活一直平平淡淡,他们家是典型的男主外女主内。

丈夫在单位是个不大不小的领导,小旭工作一般,没有什么太高的追求,丈夫对她在工作方面也没有太高要求,只要把家照顾好了就行,她呢,也乐得在家里相夫教子,把自己的主要精力放在家庭中。

一转眼,20年过去了,孩子渐渐长大了,让小旭操心的事也少了许多。单位的工作本来也没有什么长进,只要不出什么差错,熬到退休也就行了。而这时丈夫突然有了外遇,小旭的生活一下子没有了重心,她几乎要崩溃了。

哭过想过之后,小旭却平静了下来。她无法改变丈夫,却也不想离婚,原因很简单——害怕。因为自己年龄也大了,离婚以后,又能怎么样,再找一个不一定有现在的好。与其折腾来折腾去,还不如就这样过下去。

女人要对自己负责,无论在身体上、情感上、经济上,还是精神上。女人只在经济上独立不算彻底独立,要感情上独立才是真正的独立!

婚姻生活中的双方,如果能做到情感独立,就仿佛为婚姻投了一份意外伤害险，尽管永远也不希望得到保险的回报，但却一直心甘情愿继续投保。这样，我们就敢对自己说：在我的生活中，不会有天塌地陷的感情“故障”。

女人把男人当做自己美好生活的砝码和重心，不光是女人的悲哀，也是男人的悲哀。

男人爱上一个女人的同时，并不希望在爱的约束下丧失自己的世界，在男人的眼里，爱情并不能代表人生的全部，他们自有另外的世界和天地。一个生活充满朝气，能独立自主的女人，也更容易拥有一种圆满和谐的婚姻生活。

在现代社会，男人不再是女人的主宰，自怨自哀、柔弱无助的女人不再让男人喜欢，女人早已不是男人的附庸。

好的女人希望男人看重的就是她的本质。好男人会让女人按照她们自己的想法，独立地处理生活事务，好男人让女人做自己喜欢做应该做的事，而最好的女人也会恰到好处地摆脱男人对她们的束缚，按照自己的能力和方式去独立地生活。

相互独立的夫妻双方，能够夫妻两人在一起一边做晚餐，一边告诉对方这一天各自的经历，这也体现了各自的人格独立和相互的尊重。

这个世界上自强自立的女人多了，男人背负的精神压力就比较小了。一个男人与一个不只是满足衣食之安的女人共度人生，生活永远不会陈旧，人生也不会走向退化。

越来越多的事实证明，女人的生存能力并不比男人差。独立起来的女人，不把婚姻当做毕生的依靠，她们更懂得为自己心爱的人分担和解忧。

女人完全不必把自己困在婚姻的圈子里，要保持一份独立，如果实在不幸福，不妨走出来，冲出围城，你会发现，外面并不总是狂风暴雨，有更加精彩美丽的人生等着你去享受。

感情是最在乎尊重和平等的。爱并不是谁为谁牺牲，谁为谁做什么。爱是两情相悦，应该建立在相互平等的基础上，无所谓谁靠谁、谁为谁、谁给谁。还爱情以本来面目，在两性平等的世界中创造有独立能力的生活。

没有哪个人不想拥有属于自己的一片天空，只是因为太爱对方，所以，就想把自己的全部给对方。其实，那样会让双方彼此都活得很累。人与人之间是需要有距离的，就像刺猬一样，太近了，就会彼此扎着对方。给自己一片天空，也让对方有一些自由，对彼此都好。

爱情中的双方本来就是两个交叉的圆，交叉的部分是彼此分享的领域，未交叉的部分是各自保持个性的地方，只有保留自己的个性空间，才能保持长久的吸引。

维持婚姻，并不表示需要相互改变，而是要接受对方的差异。差异的性格正是彼此吸引的因素，同时也是造成夫妻冲突的原因。互相挪出属于对方的时间与空间，借以找回当初彼此吸引的地方，反而能找回最初的感觉。

容忍性格，让婚姻生活飞起和平鸽

一个幸福的家庭是靠两个人共同维护的。一个好男人要勇于负起承担一个家庭的责任，而一个好女人要给家庭营造一个温馨和美的环境。两个人走到一起，就应该为营造一个美满的家庭而努力。

在两个人的爱情婚姻生活当中，性格能否合得来，是决定爱情婚姻能否幸福的关键。因此，想拥有一个美满的婚姻，了解你自己的性格与对方的性格十分重要。性格是个很奇异的东西，让人难以捉摸。在婚姻中如果对方有哪些会影响夫妻感情或者影响家庭和睦的负面性格或坏脾气，要宽容地接纳和忍让，这样两个人才能同心合力，家庭才能幸福美满。

有这样一个感动我们的美好故事：

有一对人人羡慕的恩爱夫妻，共同走过了50个春秋，彼此感情依旧。50年的时光竟没有让他们的爱情有一丝的褪色。

有人问："50年的岁月相随，是怎样过来的呢？"妻子回了一个字："忍。"丈夫也答了一个字："让。"

听起来真是不可思议，如此忍让度过一生，人生还有什么乐趣？生命还有什么意义呢？妻子说："其实，做起来一点儿都不难，凡事多为对方考虑一下，不就没怨气可发了吗？"丈夫也说："很简单呀，她喜欢的事，就让她去做，总得给她一片自己的天空吧。"

很多时候，婚姻生活中的爱更体现在妥协、忍让和迁就上，妥协和忍让更深刻的内涵是爱，是真情。在爱的前提下，甚至婚姻中的错误有时也会成为一种营养，它的意义不是教会我们如何谴责，而是教会我们如何避免。

忍让是通向幸福的钥匙，更是一曲优美的赞歌。

两个不同性格的人生活在一起，有不同的意见或冲突是不可避免的。要想把日子过得美满幸福，首先要了解和接纳彼此的性格，其次就是在共同的生活中磨合自己的个性。

两强相争，必有一伤。在婚姻生活中，如果夫妻双方在冲突时一定要强强相斗，彼此不能相互谦让，伤害的不止是一个人，而是两个人同时受伤害，因为，由夫妻双方组成的婚姻是一个整体，整体受伤了，自然两个人会同时受伤，甚至会因此伤及无辜的孩子。因此，在婚姻生活中，一旦发生冲突争吵，要让自己学会忍让，学会弯曲。

宁折不弯本来是用来形容一个人的个性刚直坚强的，但是，在婚姻生活中，我们不需要这样的刚强，我们需要的是在适当的时候学会弯曲。

加拿大的魁北克有一条南北走向的山谷。这条山谷唯一引人注意的是，它的西坡长满松、柏、女贞等树，而东坡除了雪松之外，没有其他植被。这一奇异景观是个谜，一直没有人能够解释。而揭开这个谜的，竟是一对普通夫妇。

那是1983年的冬天，这对夫妇的婚姻正濒于破裂的边缘。为了重新找回昔日的爱情，他们打算做一次浪漫之旅，如果能找回爱情就继续生活，如果不能达到目的就友好分手。

来到这个山谷的时候，正好下起了大雪。他们支起帐篷，望着漫天飞舞的大雪，发现东坡的雪总比西坡的雪来得大、来得密。不一会儿，雪松上就落了厚厚的一层雪。不过当雪积到了一定程度的时候，雪松那富有弹性的枝丫就会向下弯曲，直到雪从枝上滑落。这样反复地积，反复地弯，反复地落，雪松始终完好无损。

帐篷中的妻子发现这一景观，对丈夫说："东坡肯定也长过很多种树，只是那些树不会弯曲，才被大雪摧毁了。"

而西坡由于雪小，总有些树挺了过来，所以西坡除了雪松，还有柏树和女贞等。

丈夫兴奋地说："我们揭开了一个谜，对于外界的压力要尽可能地去承受，在承受不了的时候，学会弯曲一下，像雪松一样退一步，这样就不会被压垮了。"此刻，两人像突然明白了什么似的，紧紧地拥抱在一起。

生活需要弯曲的艺术，做人做事需要一点儿弹性空间。弯曲不是妥协，而是一种迂回的前行；退让也不是软弱，而是一种以退为进的大智慧。弯曲能给自己的心灵一个更广阔的空间，让自己的心灵得以休息、调整，以便更好地继续寻找幸福。弯曲不是屈服，而是为了更好的生存和发展。

要想让自己的婚姻幸福美满，就要学会收敛自己的个性，宽容对方的缺点，要学会退一步。弯一下腰、闪一闪身，很多事情就过去了。

夫妻居家过日子，总会遇到一些意想不到的问题，有时候，这些问题会使你陷入困境和尴尬，会让你一筹莫展。其实维持爱情的要诀只有两个字"容忍"，有了这两个字，你就会发现，让你一筹莫展的小事情会变得少很多。

善解人意，女人的魅力之花

作为女人，要留住男人的心，最聪明的办法是学着善解人意。在男人的心目中，善解人意的女人是最可爱的。善解人意的女人在待人接物中，总会表现出自己的风格和个性美。

在传统观念中，虽然男性被赋予了坚强、刚毅、勇敢等性格特征，但是男人也是人，他们也有脆弱的时候，他们也希望得到妻子更多的理解和安慰。在他们失意时，哪怕只是一句话、一杯茶，也足以安慰他们内心的苦闷；他们脆弱时，更希望自己的妻子能对自己说一声："你永远是最棒的，我很需要你。"

如果你的丈夫一人坐在家里喝闷酒，你要善解人意地去安慰他。安慰男人的办法要视男人的性格而定。

如果他是个颓废、懦弱的男人，你不妨夺了他的酒杯，提醒他，他是这个房子的主人，是这个家里的主心骨，要有为人夫、为人父、为人子的责任。相信十年八年后，他一定会对你感激不尽。

他若是个自尊心极强，不能容忍自己在女人面前示弱的男人，作为妻子的你，就要假装什么也没看见，悄然退出，让他一个人静静地在那里疗伤。

如果你的男人介于两者之间，那么，你可以端几样小菜上来，陪他一起喝一杯，让他把自己心里的苦衷说出来。

善解人意的女人会让男人喜欢，让男人感动；善解人意的女人知道男人既刚强又脆弱，知道有的男人把荣誉和面子看得比生命还重；善解人意的女人知道在男人的精神世界里有哪些禁区，她总是很小心地不去碰这些禁区，她总是想着不要使男人的尊严受到伤害。

一位先生讲述他的经历时这样说：

我很爱我的妻子，因此在工作中遇到一些痛苦或快乐的事，我很愿意跟她说一说，让她与我一起分享，但是，妻子却每每对这些事毫无兴趣，让我感觉很伤心。

有一次，我的一份设计方案为公司增加了不少利润，得到了一笔数目不小的提成。回到家里我兴奋地说："亲爱的，我今天真是太高兴了……"妻子听了以后只是随意地"哦"了一声，随后便漫不经心地说："准备吃饭吧。哦，我告诉过你冰箱坏了，你还没有给售后服务部打电话啊？"

类似的事情很多很多，无论是快乐还是烦恼，她都不愿意知道，不想听，更不要说建议了，后来我们终于分手了。

我现在生活得非常舒心，我现在的妻子对我从事的工作一点都不懂，但是，她能给我提建议，与我分享我的成功与快乐，我感觉到被尊重，感受到了自己的价值。

恋爱时，善解人意的女人不会给男人出难题，让他们失面子。谈恋爱约会时，因为经济紧张而出手小气的男人并不多，但也许你身边的他暂时手头有点儿紧，即使这样，男人在女人面前，特别是自己所爱的人面前，尤其想保持脸面，所以就是向朋友借钱，他也不愿意暴露自己的弱点。善解人意的女人在约会时，不会让男人太花钱。如果男人在约会时没有钱，她能够若无其事地说："我今天只想吃面。"即使你没有说出你的用意，对方也已经很感谢你对他的关怀了。

善解人意的女人如果结了婚，就是典型的贤妻良母。她会让自己的小家无论什么时候都干净整洁，让所有的家具、摆设都纤尘不染。她会让一日三餐变化出无穷的花样，让丈夫和儿女一年四季总是穿戴得干干净净、整整齐齐，在任何时候都能像模像样地出现在人前。她会让家庭的每个成员，走到天涯海角也忘不了她每天为大家冲泡的一杯咖啡、一壶热茶……

善解人意是女人手里一张有力的王牌。善解人意的女人，他人与之相处如沐春风。如果女人称男人是一座大山可以依靠，那么男人更想女人是一片静静的港湾，可以让男人停泊。

善解人意的女人都很善良，善解人意的女人知道自己身边的这个男人虽然是她今生今世的至亲至爱，但作为一个个体的男人，他那颗心在属于她的同时更多的还属于他自己。她知道，在男人骨子里，事业有时会胜过爱情。善解人意的女人让男人活得轻松，越成熟越成功的男人越会对这样的女人有一种生活上的依赖和依恋。

善解人意的女人无论在什么时候都不会把男人当成私有财产，要男人对自己言听计从，不会在男人忙于工作时抱怨男人不顾家，也不会让男人时时刻刻牵挂着自己。善解人意的女人知道，好男人就像是在高天中盘旋的鹰，只有当这只鹰很累了或是想要休息时，才会回到女人身边，才会想起享受他的爱情。

善解人意的女人绝不会和自己的男人斗气斗勇，绝不会像泼妇一样把男人打得像只斗败的公鸡。善解人意的女人知道男人发火90%以上不是眼前这个原因，导火索潜存于男人情感世界的另一处。善解人意的女人深知，平平淡淡才是真，精致的晚餐，生日时的一份礼物，读书写作时送上的一杯香茗，点点滴滴都是情。

男人们多数都是极具理性的，他们不会因为善解人意的女人谦让而得寸进尺，他们会对善解人意的女人心存感激。在生活的河流上，他们同乘一条船，用风雨同舟显然已经不够了，因为在男人眼里，善解人意的女人不仅仅是坐船的乘客，还是帮着男人掌舵的大副。

尊重，给爱一个自由的空间

很多人都希望结婚后也要拥有自己私人的房间，有些人则坚持婚后也要分床而睡。乍看起来，婚后还要各自拥有自己的房间，好像刻意让彼此保持距离，意味着不想和对方亲近。而事实上，这种拥有“自我空间”的夫妻，彼此之间反而能天长地久地维持下去。

有研究者曾经针对已婚夫妇做过一系列调查，得出以下的结论：

已婚夫妻中，拥有各自的床、各自的房间，甚至在很多方面都分得清楚的夫妻，相互之间的关系并不疏远，反而双方都感觉更多了一分自由。

夫妻双方，无论何时何地，做任何事情都在一起，相互之间就毫无隐私可言，反而会让双方彼此没有喘息的空间。如果时间长了，可能就有其中一方甚至双方，都会另外找个地方透透气，这样，反而更容易产生婚外情。

有着希望两个人长长久久生活在一起的想法的人，通常会希望拥有自己私人的空间。如果你的恋人在婚前就向你表明婚后要有各自的房间，你应该为此感到非常高兴。这表明她（他）非常注重你们之间的关系，她（他）希望和你一起天长地久。

其实，无论是分房还是分床，最终的目的是要有一个属于自己的空间。爱并不意味着控制，夫妻双方是两个独立的个体，而不是一个个体的两面，在夫妻的生活之外，彼此完全可以有各自的自由和空间。

夫妻是两个合作的个体，不是共同体。每个个体都应该给自己留一个空间，保证自己最不想让人知道的、最柔软、最脆弱的地方不受伤害，这样的婚姻才能和平持久。

人与人之间是需要距离的，夫妻之间的距离，太近了，就像刺猬一样，会彼此扎着对方；太远了，又不能互相取暖。

不管夫妻关系多么亲密，每个人在是对方伴侣的同时，还是一个独立的自己。这个独立的自己，需要有一个自己的自由而隐秘的空间，每个人的个人隐私还是需要维持的，让对方保留一点空间，反而能让彼此的感情更加热烈和持久。

不要把自己圈在两个人的世界里，每个人都应该有自己的生活圈，有自己的主张。我们享受爱情，但这并不是说，我们要成为爱情的奴隶。

每个人都有保留守护自己私密空间的需要，有交朋友和交流的需要，也有情感的需要。每个人都非常珍视自己私密的心灵空间。婚姻生活中的双方，适度地给对方一些自由，也即给自己一些自由，这样对彼此都好。

拥有自己自由的空间，还意味着有权利保留自己的过去。对于我们每个人，曾经的一段恋情都是难忘的、值得怀念的。以前的情人也许会在你心中占据一个特殊的位置，也许偶尔你还会想起他（她）。因为种种原因没有走到一起，并不能说明两个人彼此在对方心里没有位置。

有一位女士曾经这样描述自己的经历：

我是一个有过去的女人，婚后，老公不曾问起我的过去，我却总想找个机会向老公坦白自己曾经的恋情，也怀着极大的兴趣想知道他曾经的故事。但是，当我鼓起勇气想这样做时，老公却阻止了我。

他说：“什么都不要说！我不想知道你的过去，也不想告诉你我的过去。以前的一切都不重要，重要的是现在。你现在是我的妻子，我只想拥有你的现在和将来，对于你的过去不感兴趣。”

每个人都有或简单、或复杂的过去，不想说自有他不想说的道理。不想说出的，也许是心中永远的痛，最好不去碰。

两情相悦，互相尊重是奠定感情基础的前提。每个人都应该有自己的隐私，相爱的双方，应该尊重对方的私人空间。相互尊重对方的空间，实质上就是对对方的信任。

夫妻之间有各自的隐私是一件很重要的事。如果你深爱着对方，珍惜你们的感情，那么就应当尊重他的隐私。而对方也会因你的明智和宽容而更加珍爱你，你自己也会因此而快乐。

自主，让自己来主宰自己的命运

自主、自由，是每个人都想要的。对于自己的事情要由自己决定，自己的命运由自己来主宰，这是每个人都希望的，从道德和法律层面上来讲也是必需的。生活在这个世界上的每一个人，都应该有自己选择工作，选择朋友，选择生活方式，选择自己人生价值的自由。

而对于已经步入婚姻生活的夫妻双方，这个原则同样不会改变。夫妻双方可以共同决定家庭的事情，但是，对于每一个个体，每个人又都拥有一个相对自由的空间和权利。一个丈夫需要妻子给他一定的空间去享受他的某些嗜好。同样，一个妻子也需要丈夫给她一些自由，让她在自己的圈子里自由地工作、交友、生活。夫妻双方在给予对方权利和自由的同时，会让对方感受到一分尊重和满足，对方自然也会给你以应有的回报。这样，夫妻双方才能在相互尊重的基础上找到幸福。

有这样一个传说：

年轻的亚瑟国王被邻国的士兵抓获，邻国的君主给他提出了一个非常难以回答的问题：女人最想要的是什么？邻国的君主给了亚瑟国王一年的时间，如果一年以后还不能拿出答案，年轻的国王将会被处死。

亚瑟国王回到自己的国家，把全国各地的智者都找来，向他们寻找答案，但是，所有的人都不知道这个问题怎么回答。国王又把各行业的女性都找来，包括公主和妓女。但是，她们一样没有一个人能够给出答案。

眼看着一年的时间快要到了，亚瑟国王听从别人的劝告，找到了一个老女巫，请她告诉自己这个问题的答案。老女巫果然知道，但是，老女巫提出了一个条件：要想得到这个问题的答案，必须让她和亚瑟国最出色的武士也是亚瑟国王最要好的朋友——加温结婚。

亚瑟王惊呆了，自己的朋友加温英俊潇洒，智勇双全。而老女巫又老又丑，全身散发着难闻的气味，还经常制造出恶心的声音。让这样的人与他结婚，别说他不会愿意，就是自己心里也会过意不去的。亚瑟国王拒绝了老女巫的要求，但是加温知道这个消息后，却对亚瑟说："为了国王的生命和国家的安全，我同意和女巫结婚。"

女巫于是回答了亚瑟的问题：女人真正想要的是主宰自己的命运。

得到答案的邻国的君主，于是放了亚瑟国王并给了他永远的自由。

在加温和女巫的婚礼上，女巫表现出了极端丑陋的行为：她用手抓东西吃，打嗝，放屁，让所有的人都感到恶心。

新婚之夜，加温忐忑地走进新房，他不知道这个可恶的女巫还会闹出怎样丑陋、恶心的事情来。然而，婚床上靠着的，却是一个美丽异常的少女。

面对加温的惊奇，女巫告诉他：在自己的一天里，有一半时间是可怕丑陋的一面，而另一半时间是美丽温柔的一面。

她问加温：愿意让我白天是美丽的一面，还是夜晚是美丽的一面呢？

面对女巫的问题，加温思考了一下说：既然女人真正想要的是主宰自己的命运，那么，哪个时间拥有美丽的一面，就由你自己决定吧。

于是，女巫选择了白天和晚上都美丽，加温从此在白天和夜晚都能看到一个美丽温柔的妻子了，他们从此幸福地生活着。

因为加温给了女巫最想要的自由，加温得到了他应该拥有的美丽温柔的妻子，拥有了美满幸福的婚姻。

女人要有自己的权利，拥有自主权的女人，会让男人感受到距离产生的美感。拥有自主权的女人，会让男人刮目相看，让男人想拥有你，还怕失去你。拥有自主权的女人，会让男人感觉到适当的威胁和危机，会在男人不重视你时，能够给他一点儿颜色看……女人如果想让你的那个他永远把你当成手心里的宝贝,那么,就要拥有完全属于自己的一片天,拥有完全属于自己的生活。

其实,男人也一样,男人有了自主权,就会有更大的施展自己的空间,就能够让自己的事业得到更大、更长远的发展;男人有了自主权,会在干事业时心无旁骛,专心把事情干好;男人有了自主权,就不用提防自己的女人随时会雇人跟踪或者查"小账",心里没了累赘,就能放开手脚干大事……

如果把"女人最想要的是什么"改成"男人最想要的是什么",那么,得到了答案肯定也是一样的,因为,男人女人都需要自由,需要自己主宰自己的命运。

每个人最想要的都是主宰自己的命运,每个人都有主宰自己命运的权利和自由。对于自己的事情,不希望受到别人的干预,别人也没有权利干涉,包括夫妻双方中的另一个人。

爱情是自主的,婚姻生活中的每一方,既是对方的伴侣,又是一个独立的自己。在不影响夫妻关系的基础上,彼此都有安排自己的生活、主宰自己命运的权利。婚姻生活中的夫妻双方是两个互相支撑、互相搀扶的个体,却不应该是两个相互依赖、彼此纠缠的人。

每个人都应该有自己的生活,有着决定自己怎样生活的权利和自由。对于每个人自己的事情,对于对方的自主,夫妻中的另一方没有权利干涉对方。对方自己的事情,让对方自己去处理吧,这样,既是对对方应有的尊重和宽容,也让自己拥有了更多的权利和空间。

夫妻也好,恋人也好,其基础是两个独立成熟的个体,两个人在一起,应该使两个人生活得更加独立、更加快乐。走进婚姻并不意味着原来独立的自我消失了,只有既有自我又有自信的人才会真正享受美好的爱情婚姻生活。

欣赏，婚姻中夫妻要学会欣赏对方

生活中，有很大一部分人都存在这样的情况。结婚前，双方看到的都是对方的优点，结婚后，更多看到的是对方的缺点。

“情人眼里出西施”，恋爱期间，尤其是热恋的时候，人们更多的是带着感情看对方。那个时候，对方的缺点在你眼中也成了优点。

而在结婚后，一方面人们趋于理性，看对方的时候更加冷静和客观，另一方面，由于没有了热恋时的激情，时间长了，人们甚至会不经意地用放大镜去看对方的缺点，对于对方的优点却是熟视无睹。因为结婚后，彼此不再懂得欣赏对方。

例如，结婚前女友的叮咛被当做对自己的关心，结婚后妻子的叮嘱却被当成了唠叨，于是，以前的体贴女友变成了后来的唠叨女人。

恋爱期间，女人的小野蛮、小霸道被看成可爱；结婚后，女人再有这样的情形则会被男人当成不懂事。

女人也一样，恋爱时男友出手大方，女孩会觉得男人不小气；而结婚后，男人出手大方，往往会被当做不会过日子。

恋爱时，男友的细心呵护让女孩感觉自己被疼、被宠、被爱着；结婚后，男人的过分细心，有时会被当成没有男人气概。

当然，人都有隐藏的一面，大多数人结婚前更多展示给对方的是自己的优点和长处，而把自己缺点隐藏起来，对于一些不良的嗜好和毛病也尽量克服。结婚后，双方长期生活在一起，缺点和毛病一下子全暴露了，而且，结婚后，人们对于自己一些不好的习惯也不再去掩饰和克服，而任其自然发展。于是，就形成了结婚前的完美恋人变成了结婚后全身臭毛病的丈夫或妻子。

同时，随着岁月的流逝，男人的风流潇洒和女人的漂亮可爱，也会被辛苦工作的压力和无休止的家务侵蚀得面目全非，加之自己因为自身压力造成的心情不悦以及长期面对一个人产生的审美疲劳，于是，双方就会因此而越来越看对方不顺眼。

认识到这一点以后，无论是丈夫还是妻子，就要有意识地做一些改变。而改变首先要从改变自己的心态和态度入手。

作为一个优秀的丈夫，要把自己的妻子当成你永远的情人。多看看对方的优点，时时发现对方值得赞美的地方，任何时候都要学会欣赏并赞美她。

你的妻子也许不再漂亮，但是，她温柔贤惠，对你体贴有加，这是比漂亮更值得你庆幸和珍惜的，她的不再漂亮是为了家庭牺牲了自己的青春；也许，你的妻子没有太高的学历，没有太高雅的气质，但是，她纯朴善良，勤劳顾家，为此，你没有后顾之忧，把自己所有的精力都投入到工作中。当你做出成绩时，你是否想到，军功章也该有她的一半？她的学历和气质，也因为要在后台支持你工作，而没有能够得到进一步的提升。

而作为一个妻子，也一定要把丈夫作为最适合你的伴侣和你最好的依靠。不要总是拿他跟别人的丈夫比，他自有他的优点，别人也自有你不知道的缺点。

也许他不如邻家男人挣钱多，但是，他勤奋踏实、追求上进，对你关心体贴，对孩子爱护有加，这些未必是金钱可以买得来的；再或者，你的丈夫没有潇洒英俊的气质，也不会制造温情浪漫，甚至他看起来有点儿土气，但是，他爱家顾家，你在他心中永远占有最重的位置，那么，你是不是应该庆幸，这些比浪漫、潇洒更来得实惠？

无论男人还是女人，无论婚前对方刻意隐瞒了自己的缺点，还是婚后随着岁月的流逝，而让自己的优点不再突出。

在走过一段婚姻生活后，当你意识到更多看到的是对方的缺点而非优点的时候，就要有意识地做一些改变了。因为，现实就是这样，只有增加对对方的欣赏，更多地看甚至去找对方的优点，你的婚姻生活才能越来越幸福。相反，如果不能做到这样，生活中就会总是充斥着硝烟和战争。因为，没有一个人是完美的，而且，人的完美也是需要另外一个人来帮助实现的。

第8章 好性格是健康的通行证

XINGGEJUEDINGRENSHENGQUANJI

人类疾病的50% ~80%是由于精神失调引起的。在对70岁~105岁的109位长寿明星做过调查后发现，性格开朗、乐观积极的占100%。这足以说明，好的性格是健康长寿的主要因素。

性格通过情绪影响健康

调节情绪：坏情绪是影响健康的大敌

情绪是对身体变化的知觉，即当外界刺激引起身体上的变化时，对这些变化便通过情绪反应出来。情绪的主要特征有：常常是短暂的，可以积累，会影响行为，也可以经疏导而加速消散。

情绪变化能影响心理活动，又能影响人的生理活动，平和、安详的情绪对人的健康有好处，而愤怒、恐惧、压抑等情绪对人的健康是有害的。

科学研究表明，人的心理状态，特别是情绪，对身体健康有着巨大的影响，很多时候，正是坏的"情绪因子"大大缩短了人的寿命。

在中国传统医学中就很注意"七情"与疾病的关系，早在两千余年前的《内经》中就有记载，"怒伤肝，喜伤心，思伤脾，忧伤肺，恐伤肾，悲伤胃"。近代心理学也科学地论证了情绪变化能影响内脏活动和内分泌腺的活动。常见的如紧张、抑郁、忧虑、愤怒、惊惧等情绪，会引起诸如偏头痛、神经官能症、癔病、胃溃疡、结肠炎、糖尿病、妇女月经不调等非器质性病症。而人的胃受情绪变化的影响尤为明显，称心如意对胃口就好，不如意时胃口就不佳。

现代医学表明，很多疾病的发生都不是器质性的病变，而是与精神状态不佳、情绪异常有关；经常、长期的消极情绪所引起的长期过度神经紧张，会导致身心疾病。

大量的临床医学研究表明，充满心理矛盾、压抑、不安全感和不愉快情绪的人，免疫力减弱，容易患癌症。

一位五十多岁的农村妇女本来生活很平静，但是，她唯一的儿子在一次交通事故死亡后，她就一直郁郁寡欢，半年后，查出了乳腺癌。

某公司财务科科长，事业有成，家庭和睦，也是因为儿子在一次车祸中丧生，他从此一蹶不振，心里总是堵得慌，不久就被查出患上了肺癌。

其实，不止癌症、冠心病、胃病的发病与人的心理、情绪因素密切相关，很多五官疾病也是源于心理因素的。常见的五官类疾病主要有：

1. 青光眼

重大情绪因素、精神创伤和过度劳累会使大脑皮层功能紊乱、兴奋和抑制功能协调障碍，从而造成植物神经功能失调，易导致青光眼。

2. 咽喉异感症

除了鼻、咽、喉部的器质性病变可以引起咽喉异感症外，一些功能性疾病如神经衰弱、植物神经功能紊乱、更年期综合征等也可以引起咽喉异感症。这些功能性疾病患者大多胆小多虑，他们多有疑病、过度自我注意和自我暗示等倾向。咽喉异感症是一种常见的症状，异常感觉时轻时重部位不定，更容易使病人情绪紧张、心神不宁、疑虑重重。

3. 职业性失声

声音嘶哑是喉科常见病，除发音方法不当或过度发音外，许多病人在病前常有意外的精神刺激，情绪障碍通过大脑皮层与皮层下中枢使植物神经系统发生功能障碍，使局部出现充血、肿胀、渗出、出血等病变，引起声音嘶哑。

4. 美尼尔氏病

美尼尔氏病一般认为是内耳淋巴代谢失调引起的。但临床治疗中发现，有不少人是在不良心理刺激下发病、加重和复发的，消除不良刺激后，症状可缓解或发作次数明显减少。

5. 口腔异味

健康人口腔一般感觉是清爽舒适的，只是夜间醒来或晨起后片刻会有轻微的口苦或口里酸涩的感觉。疾病状态下不少人会有味觉异常：干涩、清淡、酸、辣、苦、甜、麻等，其中口苦的味觉异常最多见。

但是，口中异味，并非只是口腔或身体有什么器质性疾病才会引发，有一部分也会因为精神因素引起。神经过敏的病人会有精神性口苦、精神性口臭、精神性喉中异物感和精神性呕吐等症状交替或同时出现。

人在精神紧张、气愤、烦躁、焦虑、恐惧、忐忑不安、失眠时，也会引起口苦，称为精神性口苦或情绪性口苦。并且，精神因素引发的口苦，还会随着上述情绪的增多而加重。而且，经常还会伴有功能性消化不良和肠易激综合征等功能性胃肠病等。

既然情绪对人的身心健康有着如此重大的影响，那么，我们怎样来保持一个良好积极的情绪，以保证我们的身心健康呢？大体来说，在生活中多注意以下几个方面的问题，对我们保持积极的情绪会有很大的帮助。

1. 换个角度看问题

很多从表面看令人生气或悲伤的事件，如果换一个角度，用另外一种眼光去看，常可发现一些正面的、具有积极意义的东西。

2. 让情绪及时得到释放

情绪是身体活动的组成部分，对起伏的情绪不必也不可能一概予以抑制，而应选择适当的方式，如运动、旅游、倾诉等，给情绪适当的发泄机会。有机会倾诉自己的痛苦并得到他人的安慰，能够极大地改善健康功能，增强免疫系统活动。

3. 增加愉快的生活体验

增加令人愉快的体验，可以减弱消极情绪状态，而提高A型免疫球蛋白，提高免疫反应能力。这样，即使偶尔遇到不愉快的事情，也不至于发生过于强烈的情绪反应。

4. 拥有自己的事业和社会交际活动

拥有自己事业的人，内心会有一种充实和满足感，进而产生积极的情绪。而社会交往能使人产生积极的情绪体验，积极的情绪体验又会促使人们更积极地与人交往，从而形成一个良性循环。

5. 遇到问题当机立断不犹豫

犹豫不决会引起不良情绪，损害身心健康。因此，当一些事情因为无法决断而思绪烦乱时，可以先放一放，等到情绪平静一些再冷静思考，而不要一直纠缠在其中。遇到确实不好做出决断的事情时，宁可偶尔出些小错，也一定要迅速决断。

情绪除了因影响人体免疫系统而不利于人体健康外，还会通过影响人的行为方式、心理适应、社会支持等影响人体健康。而人的身体健康反过来又会影响情绪，因而通过情绪也可推断人的健康状况。

排解紧张情绪，避免身体疼痛

人的情绪引起的生理反应是多方面的，它包括植物神经系统的改变，内分泌功能的改变，躯体运动功能的改变。人的情绪引起的生理反应中，身体器官的疼痛是一个很普遍的症状。人的身体器官的疼痛，尤其与情绪的紧张、焦虑和人的性格抑郁有着更直接的关系。

人的情绪与痛觉有着互为因果的关系。人的痛觉产生及其强度，受人的情绪的制约，反过来，人痛觉的产生往往伴随强烈的情绪反应。

在同样疼痛强度刺激的作用下，情绪镇静者比情绪紧张者疼痛感觉小、反应轻。在同样的疼痛刺激作用下，情绪紧张者的血压升高、脉搏加快、皮电波动都比情绪镇静者的变化大。

不同性质的疾病有着不尽相同的疼痛情绪反应。慢性疼痛病人，如关节炎、胃病患者的情绪表现多为焦虑与抑郁，情绪反应多表现在植物神经系统功能紊乱。急性危重病人，如难产、严重的身体创伤等，情绪表现多为恐惧和不安，情绪反应多表现在心血管系统、呼吸系统方面。而焦虑与抑郁、恐惧和不安，这些情绪反过来也会让人对疼痛的感觉更加明显。

情绪引起的身体的疼痛有好几种，这些疼痛基本上都没有什么器质性的病变。

常见的紧张性头痛和偏头痛就大多与这些不良情绪密切相关，是两种典型的由心理原因引起的病症。

紧张性头痛是慢性头痛中最常见的一种，紧张、激动的情绪可使头部某些动脉发生痉挛，从而引起头痛。而且，肌肉收缩本身也会引起头痛，因为肌肉收缩可使供应肌肉的血流减少，局部发生缺血，从而导致头痛。紧张性头痛的病人常伴有焦虑不安的症状。

偏头痛是一种反复发作的头痛，常在头部一侧或两侧交替发生。引起这类头痛的原因多是由于焦虑与抑郁，一般事业心重、雄心勃勃的人和性情急躁的女性更容易发生偏头疼。

除了容易引起头痛以外，属于消化系统的肠胃也非常容易受情绪影响而导致疼痛。

人体胃肠道功能是受神经、内分泌系统协同支配、调节的，它拥有的神经细胞数量仅次于中枢神经，因而对外界刺激十分敏感。当多种能够影响植物神经功能的异常刺激出现时，就可能会导致胃肠蠕动减慢，消化液分泌减少，从而出现食欲下降、饱胀、上腹不适、嗳气、泛酸、烧心、恶心等症状。有些人还会出现腹泻与便秘交替的症状，或者伴有失眠、焦虑、抑郁、注意力不集中等精神症状，而且，病情也会随着情绪变化而有所波动。

过度劳累、情绪紧张、精神负担重、生活节奏快等都会引起胃肠疾病的发生。IT 人士、企业管理人员、外科医生、从事媒体工作的人、翻译、驾驶员等，都属于罹患胃肠功能紊乱的高危人群。他们工作环境相对紧张，面临的压力也大，因此，得精神性疾病的概率也比一般人要大一些。

而原因不明的直肠、乙状结肠非特异性溃疡性炎症等，都与长期紧张、免疫功能异常有关。

无论是头痛还是肠胃疾病引起的疼痛，大多数与情绪紧张和焦虑有密切关系。因此，对于我们性格当中容易引起情绪紧张的性格因素，要尽量予以控制。

例如，人际交往时表现出的羞怯的性格，因工作压力和生活困境表现出来的恐惧和焦虑的性格，都容易引起情绪紧张，而因为某些挫折或者不幸而导致的人的焦虑和抑郁的性格因素，也是引起此类疾病的主要因素。

因此，一旦情绪过于紧张和焦虑，一定要想办法把这些不良情绪释放出来。

有紧张情绪时，可以通过听音乐、读书、进行体育锻炼等调整心态，把神经放轻松，或者调换一个相对较轻松的工作，必要时可以求助于心理医生。

有焦虑情绪时，要想办法把胸中的郁闷发泄出来，可以找好朋友聊天，也可能去找心理医生咨询，甚至可以一个人面对墙壁倾诉，把想说的都说出来，心情就会平静很多。

在现实生活中，我们无论在怎么样的情况下，都要尽量把心态放平和，把心情放轻松，无论遇到什么事情，积极一点儿，乐观一点儿，豁达一点儿，一切就都会过去的。

怒生百病，愤怒止于宽容

气是百病之源。一个人如果经常愤怒或生闷气，不仅不利于维持人体正常系统的工作，而且这些不良情绪还会与生理异常相互影响，最终形成恶性循环，削弱人体的抗病能力，诱发疾病。

人在生气时，精神处于紧张状态，情绪波动，颜面潮红，部分肌群震颤，心跳加快，呼吸短促，血压升高，心肌耗氧量上升，血小板聚集性增强，这些都是导致冠心病、高血压、冠状血管血栓形成的危险因素，不仅如此，生气还可能诱发其他一些疾病，甚至造成痼疾的恶化。

生气，还极大消耗人的精力。人在生气时，身体会分泌一些有毒性的物质，这些物质会造成肌体的酸软无力。一个人生气10分钟所耗费的精力，不亚于参加一次3000米的赛跑。

患有糖尿病的人，尤其要注意少生气，尤其是不要暴怒。因为人在暴怒时，会使交感神经高度紧张和兴奋，在大脑的调控下，肾上腺分泌更多的肾上腺素，以满足人体应对突发事件的能量需要。正常人在暴怒之后，胰岛素能迅速地被分泌出来，使上升的血糖恢复正常，但糖尿病人却很难在短时间内分泌出足量的胰岛素让血糖降下来。这样，血糖就会在一个较长的时间内维持在很高的水平。而高血糖又会促使胰腺持续不断地分泌胰岛素，使疲乏的胰腺进一步受伤，使糖尿病者病情加重。

无论别人对你怎么样，别对周围看不惯的人和事持“敌视情绪”，有“敌视情绪”的人，经常表现出对别人的厌恶感和不信任，这些人更容易因为一点点的小事就生气。这样，郁气长期积结，就会破坏身体的免疫系统，最终导致心脏受损。有研究人员分析了 1000 名 35 岁至 90 岁的男性，发现对人或对事怀有敌意的男性，更有可能发生肥胖和胰岛素抵抗，而这两种状况都是引发心脏病的重要因素。

在工作和生活中，遇到让人生气的事情是在所难免的，这时，你一定要先学会心理调适，让自己内心尽力平和一些。有句话叫做“生气是拿别人的错误惩罚自己”，记住这句话，并时时讲给自己听。

在心理学上，有一些专门应对生气的心理疗法，你也可以借鉴一下：

躲避法：眼不见，心不烦。在生活中遇到会激怒你的情境时，要尽量让自己避开当时的场所，到一个清静的地方去。

转移法：生气时，自己有意识地把思想转移到另外一些感兴趣的事情上，积极接受另一种刺激，如听听音乐，做一些喜欢的运动，散散步等，这都是转移大脑兴奋点的制怒方法。

主动释放法：有怒气在心里时，把心中的不平和愤怒向你信任的人全盘托出，与对你有意见的人主动沟通，把话说清楚，也是平和怒气的方法。

另外，日常生活中的一些食品也有顺气的作用，它不仅能使人摆脱不良情绪的影响，而且还能缓解生气带来的胸闷、腹胀、失眠等症状。

莲藕：藕能通气，并能健脾胃、养心安神，实属顺气佳品。

萝卜：萝卜最好生吃，如恐胃部不适，可饮用萝卜汤。

啤酒：适量饮用啤酒能顺气开胃，可以使人及时释放愤怒的情绪。

玫瑰花：泡茶时放入几朵玫瑰花，也可以单泡玫瑰花饮用，饮之即可顺气。

山楂：山楂利于顺气止痛、消食化积，可以缓解生气后造成的胸腹胀满和疼痛，对于生气导致的心动过速、心律不齐也有一定疗效。

人在社会交往中，吃亏、被误解、受委屈等是不可避免的，最明智的做法就是学会宽容。不能宽容别人的人，容易刺激自己的交感神经系统做出反应，从而使人总是处在高度的紧张状态中。这种紧张状态持续的时间越长，越容易患上一些慢性疾病，如癌症和心脏病等。一个总是苛求别人的人，内心往往处于紧张状态，进而导致大脑与神经高度兴奋，引起精神紧张、血管收缩、血压升高、胃肠痉挛、消化液的分泌受到抑制、心情烦躁等症状。

而具有宽容性格的人，他们更多地拥有乐观、开朗、喜悦的情绪，这些乐观的情绪，可以增强大脑皮层的功能和整个神经系统的张力，促使皮质激素与脑啡肽类物质的分泌，使肌体抗病能力大大增强，并能极大地活跃体内的免疫系统，从而有利于防病治病。因此，常怀宽容之心，便能包容生活中的喜怒哀乐，也可以很容易地化解人世间的恩恩怨怨。

摆脱焦虑困扰，还你一个健康的身心

焦虑是一种普遍存在于每个人的生活中的负面情绪。焦虑常常表现为由于担忧、牵挂等而产生不安。有焦虑情绪的人，总是处于惴惴不安中，他们无缘无故地预感会有什么不幸的事情发生，因此往往会坐卧不安、魂不守舍、情绪低落、烦躁慌乱，甚至很容易被激怒。

对于有些人来说，遭遇困难或不幸事件的冲击后，容易使自己的精神陷入由紧张而引起的过度疲惫状态。于是，往往会一直担心再发生突发或意外事件，即所谓的“一朝被蛇咬，十年怕井绳”，这种状态持续的时间长了，就会造成心理和行为的失常，引起精神性疾患。

今年刚刚28岁的钱刚，在同龄人眼中也算是成功人士了。去年刚刚获得硕士学位的他，现在在一家外企做设计工作，每月薪水不菲。身边还有一位温柔可人又对他体贴入微的老婆。然而，这些并没有使他感觉到轻松。

最近，钱刚忽然对自己喜爱的设计工作开始厌烦，每天都莫名其妙地感觉紧张，工作起来总是不在状态，晚上也经常失眠，而且，还常常情绪烦躁，最近已经有好几次了，因为一点点儿小事就会对老婆大喊大叫。为此，他自己也很痛苦，不知道自己这是怎么了。他也试过使用各种方式摆脱痛苦：听音乐、剧烈地运动，甚至跑到海边大喊。然而，这些方式虽然可以暂时缓解一下他的痛苦，但是，回到现实中，他又会莫名地感到焦虑不安，神经紧张。

也许你也有过类似钱刚这样的情况和状态，也有过他这样的痛苦和不知所措。那么，面对这莫名而来的紧张焦虑的情绪，我们应该怎么摆脱呢？

找出焦虑的原因：当不知道自己为什么焦虑的时候，会让我们更加焦虑。于是，心情在痛苦与彷徨中变得越来越糟，以至于影响了生活，对工作也越来越没有兴趣。这样，便会陷入一个恶性循环的怪圈，难以自拔。因此，要摆脱焦虑，就要先找到引起焦虑的源头，找到病根，对症下药。

比如，上面提到的钱刚，他的焦虑其实来源于他的妻子，原来，妻子在一家外企做销售部主管，虽然没有他的工作那样稳定，但工资待遇比他还好，职业前景也不错。这让他无形中感觉到了压力，而又一时无法排解，由此，就产生了很大的焦虑情绪。

用行动改变这种状况：找到了自己焦虑的原因，接下来就是对症下药，改变当前的形势了。你要做的是，努力地改变能改变的，找到自己的优势所在，对于自己目前无法改变的情况，要平静地适应，同时积蓄力量，力求以后做一些改变。

我们再来看钱刚，他的工作事实暂时无法改变，与妻子之间的工作性质不同这也是事实，两人之间工资待遇及职业发展前景的差距，并不应该成为两个人之间爱情的障碍。而且，虽然目前他的工作没有妻子的工作待遇好，但是，他的工作自有他的优势，刚刚研究生毕业，就在这样的外企工作，未来的前途也是无可限量的。所以，他不该给自己太大的压力，他目前要做的是，努力把自己目前的工作做到最好，争取未来更好的发展。

改变心态，不为“焦虑”而焦虑：被焦虑困扰，是因为我们“爱”上了焦虑本身。你可能开始为工作（或生活）而焦虑，后来又为焦虑而焦虑，最终陷入其中不能自拔。其实，只要清楚自己现在能做什么、应该怎样做，将自己的注意力倾注于目前的事情上，顺其自然，一段时间后，你就会发现，焦虑，已经被时间的良药完全治愈了。

拥有好性格，就会拥有健康和快乐

性格对健康的影响

人们的身心健康需要一定的客观条件，比如，愉快的工作和生活、和睦的家庭、融洽的同事关系等。而这一切客观条件的获得，都需要有优良的性格作为前提。

不同的性格，往往会产生与之相对应的情绪。比如，性格粗暴、孤僻的人，往往难以和人融洽相处，因此，他们就会经常感到孤独和苦闷；心胸狭窄、感情脆弱的人，更容易多愁善感，忧心忡忡，往往享受不到更多生活中的欢乐；而自负、清高的人，容易看不起别人，结果反而被别人看不起；气量狭小、性情多疑的人，会因其满腹狐疑，造成许多不应有的矛盾、摩擦和冲突。

1974 年，美国心脏病学家弗里德曼等写了一本《A 型性格和你的心脏》，书中指出，具有 A 型性格的人，特点是动作快、没耐性、争强好胜、容易动怒，在生活中经常处于紧张状态。与比较松弛、悠闲的 B 型性格的人相比，在其他外在条件相似的情况下，A 型性格的人更容易患心脏病。《三国演义》里东吴的大都督周瑜就属于 A 型性格的人，结果活活被诸葛亮气死了。

每个人在一生中都会产生数不清的意愿、情绪，但最终能实现的却并不多。在大多情况下，人们会想着千方百计把情绪压抑下去、克制下去，而不能让它发泄出来。但是，即使一个人能做到在压抑、克制，也只说明情绪从“显意识层”，转移到了“潜意识层”，而它对人们的影响仍然存在，而且一直在找机会真正发泄出去。

事实上，现实生活中的许多灾祸，都是在情绪无法得到正常宣泄的情况下，而采取了失去理智的疯狂举动造成的。大多数精神疾病的产生，也是源于一些负面的情绪得不到及时的发泄和疏导。

因此，对于无法得到宣泄的情绪，最好的办法是疏导，而不是堵塞。因为堵塞只能是暂时的，到一定程度就会造成“决堤”，那时情况失控，就更严重了。

经常忍气吞声、“有泪往肚里咽”的人得癌症的几率是一般人的三倍。“忍气吞声”型的人，往往过度克制自己，压抑自己的悲伤、愤怒、苦闷等情绪，这些恶性情绪长期作用于大脑，会导致内分泌紊乱，降低人体免疫功能，从而给癌症以可乘之机。

医疗实践证明，病人的性格特点往往比引起该病的病源更能决定疾病的轻重程度。高血压病、冠心病、癌症、溃疡性结肠炎、胃炎、胃溃疡等疾病的患者，往往都具有明显的惯于自我克制、情绪压抑和倾向于防御和退缩等性格特点。

性格懦弱、多愁善感，经常忧心忡忡、心事满腹的人，都是比较容易患病的。《红楼梦》中才貌双全的林黛玉，因其性格多愁善感、忧郁猜疑，最终积郁成疾，呕血身亡。

性格比较急躁的人，一般都会情绪反应剧烈，在情绪强烈波动时，血液循环加快，消化道功能受抑制，呼吸急促，内分泌系统急剧变化。因此，他们往往会因为一些事情造成过度的情绪激动，从而引起某些疾病，或者让病情急剧发展。

几乎人的每一个重要的生理部位都会因情绪变化而变化，影响人的身体健康。研究人员发现，长期、爆发性的愤怒或者对这个世界有敌对情绪，会导致心脏病和高血压。

英国曾有一位科学家脾气暴躁，为一件小事大发雷霆，在盛怒之下因心脏病猝发至亡。我们生活当中，因为脾气急躁或情绪激动而引起心脏病猝发至死亡的例子也是屡见不鲜。

而性格暴躁但又不能随意发火，不得不经常压抑自身愤怒情绪的人，发病的几率会更高一些。

现代医学大量资料证实，抑郁症和精神分裂症患者，大多是性格孤僻、不能适应社会生活所致。一个人身体健康，往往表现得精力充沛、心情开朗，一个人长期疾病缠身，则容易引起忧郁情绪。

研究发现，在问题面前，经常运用幽默作为应对的人，健康问题就比较少；而运用哭喊作为应对的人，健康问题相对要多很多。

跨世纪的女作家冰心老人，一生淡泊名利、崇尚简朴，不奢求过高的物质享受；在和谐的环境中与人相处，在微笑中勤奋写作。她的健康长寿、事业辉煌主要得益于开朗、豁达的性格。

性格特点的不同，对于疾病的发生、发展和病程的转化，都会产生不同的影响。不同性格的人对已经形成的疾病会做出不同的反应，某些性格特点不仅可以成为疾病的发病源，而且还可以改变许多疾病的病程。如，有的人本来没有病，却总是怀疑自己得到重病；而有的人却相反，经检查病情严重，自己却能坦然对待。结果，往往是病情重的人比病情轻的人能够更快被治愈。

有这样一个真实的案例：

一位四十多岁的女工，十年前体检时发现得癌症，且已处于中期。但她生性乐观，属于大大咧咧的性格，因此，除了积极治疗之外，她的生活几乎没有什么变化，每天依然像以前一样乐呵呵的。十年的时间里，她每年检查身体都基本正常，竟然再也没有发现癌细胞。

这样的案例在“抗癌俱乐部”里经常可以听到。

因此，在癌症治疗的过程中，医院也会做一些这方面的宣传，印发抗癌明星故事、组织抗癌俱乐部等，通过对人的心理、情绪进行激励，提高人体的免疫力，从而影响到治疗效果。

虽然我们不能直接说性格决定健康，但是，越来越多的事实已经表明，性格能通过情绪的变化，对我们的健康形成巨大的影响。因此，适当改变一下自己的性格，让性格朝着更加积极乐观的方向发展，那必将对我们的健康大大有利。

乐观开朗，别让自己拥有“癌症性格”

现代心理学最早在20世纪80年代就提出过“癌症性格”之说，“癌症性格”对一部分人来说还很新鲜，但是，在医学和心理学领域早已不是新鲜事物。

癌症性格的主要特征可描述为三点：

第一，人际关系困难者，有事爱闷在心里，压抑自己，不寻求帮助，与人交往时也是孤傲、不易接近的。

第二，完美主义者，这类人自我要求比较高，他们对自己和对别人都很苛刻，经常对事情和人感到不满意。

第三，抗挫折能力比较差的人，这些人在遭遇挫折时，更容易吸收消极负面情绪，经常表现为长吁短叹等。

一般说来，情绪受压抑的抑郁性格及爱生闷气的人患癌症的几率远远高于其他性格类型的人。这些人常常表现为害怕竞争、逆来顺受、有气往肚子里咽，在遭遇重大变故或心理创伤后，这种性格的人患癌症的风险更会大大提高。

现代医学已经把不良性格和心理创伤排在癌症的危险因素之列。

临床经验也发现，60% ~80%的癌症病人都有性格内向、平时和家里人沟通少、爱生闷气等特质。

中医上讲，癌症主要是因为肝气不舒，气滞血瘀，毒邪内生，日久成块造成的。这种容易压抑的性格对肝、胆囊和乳腺的影响更大，因为这些器官都有一部分属于“肝经”。

西医的社会心理医学也认为，精神因素与人的身心健康大有关系，如果一个人经常易怒、爱冲动，那么对他的健康肯定是不利的。

找到了“癌症性格”的发生源，那么，就可以通过改变自己的性格，调整情绪，让自己变得开朗一些，乐观一些，让自己远离“癌症性格”。

有些人生性开朗乐观，而你可能天生就是内向性格，多愁善感，那么，你应该怎么办呢？

人们通常认为，情绪改变会导致行为改变，除非人们能改变自己的情绪，否则通常不会改变行为。其实，这一观点也可以反过来说，行为与身体的变化可以改变我们的情绪。我们可以通过自己的行为来主动改变自己的情绪，一个人经常想象自己进入某种情境、感受某种情绪，那么这种情绪就会真的到来。

美国心理学家盾姆斯认为：人并不是因为愁了才哭、生气了才打、怕了才发抖，恰恰相反，人是因为哭了才愁、因为动手打了才生气、因为发抖了才害怕。同样，人不只是因为快乐才笑，而是笑会让人更快乐。因此，要让自己开朗起来，就先从笑开始吧，既便是装出来的。

俗话说：笑一笑，十年少。人开心的时候就会笑，这是人们都知道的。但是，如果你心情不是太好，那么，先让自己笑一笑，你的心情也会随之变好，不信你可以试一试。

笑也是一种运动，是一种独特的运动方式，对肌体来说，笑是最好的体操。

笑能使肺扩张，人在笑声中会不自觉地进行深呼吸；笑能增加肺的呼吸功能，能抒发健康的情感，驱散郁闷；笑能消除神经紧张，使肌肉放松；笑能调节植物神经系统和心血管系统的功能，促进血液循环；笑能增强消化液的分泌和加强消化器官的活力；笑能使面部颜色由于血液循环加速而变得红润；笑能增强肌体活动能力和对疾病的抵抗能力，起到某些药物所不能起到的作用。

人在笑的时候能触动体内横膈膜，体内横膈膜会将假笑引发成真笑。通过笑，人肌体的各个器官运动协调了，人的心情自然会变得愉快起来，长期下来，自然就形成了开朗乐观的性格。这样的性格，会促使人笑得更多，心情更愉快，而愉快的心情可影响内分泌的变化，使肾上腺分泌增加，使血糖增高，碳水化合物代谢加速，新陈代谢旺盛，因此更能促进身体健康。

乐观的性格、乐观的情绪通过大脑而影响心理及全身生理活动。乐观可使体内神经系统、内分泌系统自动调节并处于最佳状态，使体内各器官系统的活动协调一致，促进身心健康，使人更有效地适应环境。

心气平和，淡泊是健康的免疫剂

人是一个统一的整体，人的精神状态是大脑活动的表现，如果精神状态不好，很容易破坏人体的免疫功能，反之，有一个良好的精神状态，有利于调节神经功能，改善人体免疫系统的功能，不但不易得病，而且即使有点疾病，也能依靠自身的调节机制使其尽快康复。

"喜、怒、忧、思、悲、恐、惊"，也就是人们通常所说的七情。七情六欲人人都有，在一般情况下，七情变化是人体对外界事物的反应，属于正常的精神范畴。但是，长期的精神刺激或突然而剧烈的精神创伤，一旦超过了人体生理活动所能调节的范围，就会引起体内气机紊乱、脏腑功能活动失调，从而导致疾病发生。

因七情失调引起的疾病，在临床上以心、肝、脾为多见。

如果精神刺激影响到肝，可引起肝气郁结，常见的症状有精神抑郁、烦躁易怒、胸肋胀痛，对于女性可出现乳房结块、月经不调等症状。

如果精神刺激影响到脾胃的功能，比较常见的有两种情况，一是由心而及脾胃，表现为腹部胀满、大便不通，女性可出现闭经或崩漏等心脾两虚症；二是由肝而及脾胃，主要表现症状为脘腹胀痛、不思饮食、呕吐嗳气、便溏等肝胃不和或肝脾失调症。

如果是精神刺激引起肌体机能失调，则会出现惊悸、怔忡、失眠、健忘、心神不宁等症状；或是精神恍惚、哭笑无常、狂躁不安、精神狂乱等。

情绪剧烈波动，不论是愤怒、焦虑、恐惧，还是大喜大悲，都可能使血压暂时升高。工作处于紧张态，或者感到工作被动，自己没有主动权，还有缺少工作安全感等等，都可能引起血压升高。

突如其来的惊喜或过分的大喜，也是一种强刺激。如果这个变化超过了人体的适应能力，就会造成体内紊乱。对于高血压、心脏病患者而言，严重时可能会造成血管破裂甚至心脏骤停而死亡，或者造成思维紊乱，乃至精神失常。

心理学家认为，人的各种各样的贪欲，是导致负面情绪的重要因素。现代社会生活节奏不断加快，竞争愈加剧烈，紧张、焦虑、压抑、愤怒、憎恨等负面情绪都在逐渐增长，从而出现越来越多的因为情绪波动引起的身心疾病。

要想健康长寿，就要避免负面情绪对身体的刺激，而心静是避免负面情绪刺激的最好办法。心静，就是心平气和，淡泊处世。保持一分平和心态，形成一种淡泊与宁静的性格，就不会对身外之物得而大喜、失而大悲；就不会对世事他人牢骚满腹、攀比嫉妒。

在人生旅途中，不可能事事如意。人在顺境时容易保持住一颗平静的心，一旦处于逆境时，往往产生焦虑、忧愁、烦恼等不良情绪，心理失衡，导致多种身心疾病而影响健康。其实，生活中，许多事情是不以我们的意志为转移的，我们无法预料，更不能强求。

有了淡泊的心态，就不会在世俗中随波逐流、追逐名利。淡泊的心态使人始终处于平和的状态，保持一颗平常心，一切有损身心健康的因素，都将被击退。

淡泊，即恬淡寡欲，不追求名利。淡泊是一种崇高的境界和心态，是对人生追求在深层次上的定位。淡泊是面对人生的一种坦然，也是对生命的一种珍惜。顺利时，不惊不喜、洋洋得意；逆境时，亦不大悲大愁、自暴自弃。视艰难波折为必然，在努力中体验快乐，在淡泊中充实自己。

人的情绪进入宁静状态后，肌体内便会产生一系列有利于健康的生理变化：心跳和呼吸频率减慢，肌肉的紧张程度和耗氧量减低，微循环得到改善，血压下降，头脑清醒。心静神安，淡泊平静，体内心气运行自然平和，肌体因而调节正常，身心自然健康。

保持快乐，从抑郁中脱身而出

每个人一生中都会碰到挫折和压力，每个人都难免会有情绪低落、消沉、沮丧的时候，在诸多压力下，情绪无法获得有效的排解，周而复始一再累积，就容易产生"抑郁"情绪。产生抑郁情绪没有关系，只是不要让抑郁在你身上停留得太久，否则，它就会破坏你的身心健康。

有了抑郁情绪，大部分人在情绪低落一阵后，很快就可以恢复正常，但也有一部分人，因为遗传因素或个性使然，再加上压力的累积，会将这种抑郁情绪延伸为一种病态，也就是抑郁症。抑郁情绪不等于抑郁症，但是，长期抑郁有可能发展成为抑郁症。

抑郁症被有些人比喻为"心理感冒"，从抑郁症的高发病率和发生的不可预测性这个角度看，确实与感冒有可比性。但是，抑郁症的危害却远比感冒要严重得多。在当前世界十大疾病中，抑郁症名列前五，已经成为严重危害人类身心健康的常见精神疾患。

这里有一个抑郁症的案例：

李敏是某外企公司职员。在最近半个月的时间里，她几乎每天晚上都含着眼泪进入梦乡，要昏昏沉沉地睡差不多12个小时，却依然没有精神。睡觉对她来说是一种解脱，因为，每次醒来起床后都不知道干什么，也不想吃饭，自己也说不清楚原因。可是有的时候又特别能吃东西，吃起来没完没了。

心理咨询师告诉我们，像李敏这样的症状是比较明显的抑郁症。我们生活中，也可能出现过类似李敏这样的症状，只不过没有她这样严重。但是，这并不代表你就没有问题，一旦有类似情况出现的时候，你也就应该注意了。

对于抑郁情绪，我们要以防为主，不要等到发展成为抑郁症时再去治疗。只要有抑郁情绪出现时，我们就应该积极想办法去排解。

对付和预防“抑郁”，除了做专业的心理辅导和药物治疗外，最重要的还是自己调整自己的心态，让自己快乐起来。在此，我们推荐几种从抑郁中脱身而出的良方。

拥有快乐的心态：快乐可以使人体神经系统的兴奋水平处于最佳状态，进而促进人体分泌出一些有益的激素、酶类和酰胆碱，把血液的流量、神经细胞的兴奋度调节到最佳水平，从而提升肌体的抗病能力。

记下每天的快乐心情：准备一个小本，记下每天让你快乐的人和事，不开心的时候就拿出来看看，帮助自己保持一个快乐的心境。快乐的情绪可使肾上腺素分泌增加，使血糖增高，碳水化合物代谢加速，肌肉活动能力加强；快乐的情绪还能调节中枢神经，使经络通畅，血气舒展。

参加力所能及的运动：运动可以改变抑郁的心情，适当参加一些力所能及的运动，如快走、慢跑、散步、踢毽、体操等，每天坚持 1 ~ 2 个小时，可以更快排解抑郁的心情。

听听自己喜欢的音乐：辛苦工作后，可以利用短暂的休息时间，听听自己喜欢的音乐，让自己陶醉在优美的旋律中，有助于身心放松。

吃“快乐食物”：深水鱼、香蕉、菠菜、全麦面包等都是“快乐食物”，心情不太好的一段时间里，可以吃一些“快乐食物”，也能减轻抑郁的症状。还有，葡萄柚、樱桃、南瓜也是能够制造好心情的食物。

让衣服改变你的心情：色彩对人的心情也有影响，穿漂亮衣服也能让人心情变好，这一点儿对于女人来说效果尤为明显。所以，在感到不开心的时候，到商场挑选几件鲜艳的漂亮衣服，也不失为一个让心情变好的好办法。

不要滥用镇静药物：有些人为了治疗失眠，吃各种各样的镇静药。其实，失眠是由心理、疾病、药物、环境、体质等五大因素引起的，一味靠镇静药物，只能适得其反。镇静药物是抑制人的神经兴奋度的，自然也会引起人的心情抑郁。

预防心理疾病与心理疾病的及早治疗非常重要，应该在心理才“感冒”，还未“发高烧”时就去找心理医生。不要以为只有“有心病”的人才能去看心理医生，正常人也应该有规律地做心理咨询，以保证自己的心理健康。

拥有自信，给生活减点儿压

人有压力的时候，最容易引起焦虑、烦恼等情绪，要想消除这些不良情绪，最好的办法就是减掉压力。一个人在感受压力的过程中，体内各脏器都会有相应的反应。在情绪方面的表现主要为焦虑、迷惑、憎恶及沮丧等等。而在身体和心理方面的感觉则是经常精神疲劳，注意力分散，缺乏自发性和创造性，自信心不足。

疲劳一般被认为是由于超负荷的体力或脑力劳动引起。其实，适量的工作一般不会导致疲劳，即使有疲劳状态，经过休息也会很快恢复。心理学家研究后发现，疲劳与人的心理状态有关。不健康的心理情绪，尤其是忧虑、紧张、烦恼等都会导致疲劳，而且，情绪所引起的疲劳，经过休息之后仍不能解除。

当你出现这种情况的时候，有可能是你的压力已经超负荷了，这时候千万不要掉以轻心。

生活就要面对现实，无论是生活中，还是工作中，压力是真实存在的，你无法改变。要想减掉，一方面要自己调整心态，积极乐观一些，把现实中的困难和压力看轻一些，把精神放轻松；另一方面，就是要努力提高自身的能力和素质，通过自己的努力，让自己拥有更多的自信，压力自然就会小一些。

在此，让我们先来听听专家的一些建议，或许你就知道该如何化解压力了。

1. 克服畏惧情绪

克服人人都会有的畏惧情绪,可以先从与工作毫不相关的小事入手,比如,主动与刚认识的朋友打招呼,独自一人去看恐怖片等。经常尝试一些你想做却不敢做的事,都能让你在工作中逐渐拥有自信。

2. 让生活充满秩序

有秩序的生活会使你每天头脑清醒,心情舒畅。每天下班前整理好办公桌,定期清理电脑中的文件和电子邮件。否则只是办公桌上堆满的文件就已足以让你产生混乱、紧张和忧虑的情绪了。另外,千万不要小看家庭生活,事业的成功与否往往与家庭生活有直接的关系。一个从容的早晨、一顿丰富的早餐也许就决定了你一天的心情和工作效率。

3. 保持平和的心境

不要时刻都让自己处于高压的氛围中,是保持良好心境的关键。你应该每天至少从事一种体育活动,时间不少于半小时;最好还能留出一段时间只想积极的、让你开心的事情,这种短时间的充电对你的情绪会大有帮助。

很多时候,真正让我们感到身心疲惫的,不是压力本身,而是面对压力的恐惧感。而且,每个人都有自己抵抗外部压力的潜能,只不过,我们常常忽视或者低估了自己的这种能力。

每个人自身都有巨大的潜能,只是有些人的潜能已经苏醒了,而有些人的潜能却还在沉睡。只要你抱着积极的心态去开发你的潜能,就会有用不完的能量,你的能力会越用越强,离成功也会越来越近。

当你相信自己的潜力是无穷的,你是足够优秀的,你相信自己的成绩远不止眼前这些时,你的自信自然而然地就提升了,而你的能力也会随之而提升起来,压力自然也会减轻一些。

参 考 文 献

[1]林昊. 性格决定命运的24堂课[M]. 北京:中国华侨出版社,2008.

[2]静涛. 性格决定命运的秘密[M]. 北京:新世界出版社,2009.

[3]孙郡锴. 让性格成就你[M]. 北京:中国华侨出版社,2009.

[4]亦辛. 靠什么去成功:改变你一生的9堂课[M]. 北京:中国纺织出版社,2009.